Lüse Weilai Congshu

本丛书编委会

贾 娟 王 玮 陈文龙 王晖龙◎编著

绿色未来丛书

U0783270

绿色生活：
21世纪新时尚

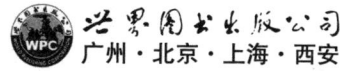

世界图书出版公司

WPC

广州·北京·上海·西安

图书在版编目（CIP）数据

绿色生活：21世纪新时尚/《绿色未来丛书》编委会
编 . —广州：广东世界图书出版公司，2009. 11 （2024.2 重印）
（绿色未来丛书）
ISBN 978 – 7 – 5100 – 1267 – 9

Ⅰ. 绿… Ⅱ. 绿… Ⅲ. 环境保护 – 普及读物 Ⅳ. X – 49

中国版本图书馆 CIP 数据核字（2009）第 191252 号

书　　　名	绿色生活：21 世纪新时尚
	LÜ SE SHENG HUO 21 SHI JI XIN SHI SHANG
编　　　者	《绿色未来丛书》编委会
责任编辑	张梦婕
装帧设计	三棵树设计工作组
出版发行	世界图书出版有限公司　世界图书出版广东有限公司
地　　　址	广州市海珠区新港西路大江冲 25 号
邮　　　编	510300
电　　　话	020-84452179
网　　　址	http://www.gdst.com.cn
邮　　　箱	wpc_gdst@163.com
经　　　销	新华书店
印　　　刷	唐山富达印务有限公司
开　　　本	787mm×1092mm　1/16
印　　　张	13
字　　　数	160 千字
版　　　次	2009 年 11 月第 1 版　2024 年 2 月第 7 次印刷
国际书号	ISBN　978-7-5100-1267-9
定　　　价	49.80 元

"光辉书房新知文库"

总策划/总主编:石 恢

副总主编:王利群 方 圆

本书作者

贾 娟 王 玮 陈文龙 王晖龙

序：蓝色星球　绿色未来

　　从距离地球45000公里的太空上回望，我们会发现，地球不过是一个蓝色小球，就像小孩玩耍的玻璃弹珠。但就是这么一个"蓝色弹珠"，却养育了无数美丽的生命，承载着各种各样神奇的事物。人类从这个小小的星球中诞生，并慢慢成长，从茹毛饮血、刀耕火种的时代一步步走来，到今天社会文明、人丁旺盛、科技发达，都有赖于这个小小星球的呵护与仁慈的奉献。

　　当人类逐渐强大，有能力启动宇宙飞船进入太空，他却没有别的地方可去，因为到目前为止，人类只有一个地球，只有一个家园。

　　地球上有两种重要的色彩，一个是蓝色，一个是绿色，蓝色是海洋，绿色覆盖大地，在太空看地球是蓝色，生活中却是绿色环绕，这两种色彩覆盖着地球的大部分表面；原始生命从海洋中孕育，在森林中成长，经过漫长的进化造就人类，有了水和植物，再通过光合作用，提供生命活动所不可缺少的能源，万物因此获得生机，地球因此成为人类的家园。但是，人类在和以绿色植物为主体的自然界和谐相处数百万年后，危机出现了，由于人类活动的加剧，地球上的绿色正在快速地消失。

　　在欲望和利益的驱使下，在看似精明、实则愚蠢的行为下，令人忧心的事情一再发生。森林被砍伐；河流变黑变臭；城市总是灰蒙蒙、空气中弥漫着悬浮颗粒物和二氧化硫；耕地一年比一年减少、钢筋混凝土建筑一年比一年增多；山头或寸草不生、农田或颗粒无收；臭氧层空洞、冰川融化、酸雨浸蚀；野生动物灭绝的消息不断传来、食品安全事件层出不穷……绿色的消失既是事实，也是象征，病变、震撼、全球污染、地球生病了，地球在哭泣。

近年来，无数的数据和现象都在逼近一个问题，人类贪婪无度，地球不堪重负，人类已经走到一个紧要关头，生存还是毁灭？

如果我们再次来到太空回望地球，你能想象它失去蓝色的样子吗？一个没有水的星球，可能是火星、木星、土星，但绝不是地球。同样，人类能失去绿色吗？失去绿色的星球，将不再是人类的家园。

从现在开始，我们可以改变以往的观念，而接纳新的绿色思维——人不能主宰地球，而是属于地球；我们应更多地学习环保先锋、追随环保组织，参与绿色行动；我们不仅关注国家社会，还关注身边的阳光、空气和水，关注明天是否依然；在日常生活中，从我做起，知道与做到节约型社会的良好生活习惯。也许你认为自己所做的一切微不足道，但每个人的努力都是宝贵的，留住一片绿色，地球就多一片生机；增添一份绿色，人类就增添一份希望。

如果有机会来到太空，眺望这个美丽的蓝色星球，你会有怎样的愿望？

许它一个绿色的未来！

中华人民共和国环保部副部长

目 录
contents

3

引 言

　　正如一位哲人所说："人类文明的足迹所到之处，只会留下一片荒芜。"城市大量堆积的白色垃圾，就是我们每天扔掉的一次性塑料袋、一次性饭盒所致；空气质量下降，与我们的空调、冰箱、汽车的普及有关；水资源的污染，与我们大量排放含磷的生活洗衣用水有关；我们在享受一次性纸巾、一次性筷子的便捷时，大量的树木无奈地倒下；哗哗流淌的水、滴答不息的水龙头，使得本来紧张的城市用水雪上加霜……凡此种种，都是我们不良的生活方式所致。

　　地球只有一个，我们没有能力做到先污染再治理，这只是经济学家的一个理想；我们不可能搬到别的星球上去，这只是科学家的一个希望；我们不该做自然的敌人，这是亘古不变的真理。

　　不可否认，人类的生存发展离不开自然环境。人与自然的关系，不是简单的认识与被认识的关系、改造与被改造的关系、掠夺与被掠夺的关系，而是一种无比亲近、无法割舍的关系。可以说，人是自然的产物，也是自然界的一部分，不是凌驾于自然界之上的主宰者。由于人类活动的影响，对自然资源的无止境攫取，空气污染、水污染、土壤污染、土地沙漠化、温室效应、能源危机、物种灭绝……这一系列问题的发生，对于满目

绿色生活

疮痍、破败不堪的地球，我们无法视而不见。

为了更加健康舒适的生活，"绿色"被提上了日程。绿色，有其深刻的内涵，绿色的就是自然的、生态的、健康的、安全的、环保的。"绿色"的旗帜呼唤着每一位关注生活的人。如今，世界各地掀起了一股股绿色浪潮，许多东西被贴上"绿色"、"生态"的标签，如：绿色食品、绿色消费、绿色生活、生态经济、生态农业、生态城市等，纷纷出现在我们的面前。

其中，"绿色生活"已成为一种新时尚，尤其在21世纪的今天。绿色生活是将环境保护与人们的日常生活融入一体的新文明、新风尚的生活。所谓绿色的生活方式，也就是不利于环境保护的事坚决不做，不利于环境保护的物品坚决不用，不利于环境保护的食品坚决不吃。绿色生活作为一种现代生活方式，不能只成为一句时髦语，我们应该把它落实到具体的行动中，应该体现在生活的方方面面。我们可以通过自身的努力，过一种安全健康、无公害、无污染的绿色生活。打造绿色生活，可以从生活的点点滴滴开始：尽量步行或乘坐公共交通工具，减少二氧化碳的排放量；坚持一水多用，节约用水；采用绿色设计，减少居家生活对环境造成的污染；拒绝使用珍稀材料制品，实实在在环保；选用节能家电，节省水电；不使用一次性用品，节约资源；做到绿色旅游，保护自然环境……努力将环保节能融入生活中，其结果对自然环境是大有裨益的。我们应该把简朴和适度作为生活的新时尚——用绿色生活的新观念来减轻生存空间、生活环境对我们的压力。

只有绿色生活，我们才会获得更多的"绿色"。绿色生活，为的是人与自然的和谐相处，为的是全人类的幸福安康，为的是世界的和平，也为的是地球的明天。让我们都成为"时尚达人"，将"绿色生活"的革命进行到底！

第一章

"低碳"是一种生活态度

绿色生活

人类崇尚现代文明、追求高品质的绿色生活的愿望，似乎从来没有像21世纪的今天这样强烈。然而，在生存环境日趋恶化的今天，当原生态变得异常珍稀，乃至被视为一种奢侈时，不知你是否想到过，这样的"原生态"与低碳消费有着千丝万缕的关系，无论你习惯与否，亲近低碳生活，已然渐行渐近，成为现代时尚。

简言之，低碳生活就是最大限度地减少生活作息时所耗用的能量，从而减低碳，特别是二氧化碳的排放量。

我们日常生活中的每个细节其实都直接与碳排放有关系：少开一天空调可以节省8千克碳；你如果自驾车消耗了100升汽油，那么你就排放了270千克二氧化碳，需要种3棵树才能弥补；办公室冷气8小时人均消耗10千克，用电脑10小时消耗0.18千克，煮两杯咖啡消耗0.03千克……

倡导返璞归真的低碳生活方式，当然不是要你回到刀耕火种的原始时代，而是要求你改变以往那种浪费资源、增加污染的不良嗜好，彻底戒除"面子消费"、"奢侈消费"陋习，把节能落实到日常生活的细微之处。

其实，低碳生活无关能力，而是一种态度，是亟待建立的绿色生活方式。让我们都来加入低碳一族，真正成为高品位、高质量生活的享有者！

第一节 步行好处多

"绿色出行"这个词想必大家都不陌生吧！绿色出行就是采用对环境影响最小的出行方式，即节约能源、提高能效、减少污染、有益健康、兼顾效率的出行方式。乘坐公共汽车、地铁等公共交通工具，合作乘车、环

4

保驾车、文明驾车，或者步行、骑自行车……努力降低自己出行中的能耗和污染，这就是低碳的"绿色出行"。而其中，最简便易行、经济节约的方式无疑就是步行了。

那么，与其他各种出行方式相比，步行到底能够减排多少二氧化碳呢？

如果你是一名上班族，上班的地点离居住地较近（小于等于 5 千米），假如你选择步行（以 5 千米来计算），那么每百千米将相比自驾车减少 50 千克二氧化碳排放量，经年累月，这个数目是很惊人的！

路边步行的人们

因此，建议上班族们，如果上班的距离小于等于 5 千米，就请选择步行上下班。5 千米以内步行上下班究竟有什么好处呢？

第一，步行上下班能有效地减少汽车尾气的排放量。

调查表明，我国许多城市的机动车尾气已成为大气污染的首要来源。截止到 2009 年年中，北京有 370 多万辆机动车，虽然仅是东京和纽约等城市机动车拥有量的 1/6，但是每辆车排放的污染物浓度却比国外同类机动车高 3～10 倍。北京大气中有 73% 的碳氢化合物、63% 的一氧化碳、37% 的氮氢化物来自于机动车的排放污染。广州市空气污染，机动车尾气占 22%。一向享有"人间天堂"美誉的杭州市机动车尾气污染指数与广州不相上下。作为第一批环保模范城市的深圳，如今机动车尾气污染已占大气污染的 70%。数以万计的机动车日复一日地污染着我们赖以生存的空气，

5

越来越多的城市人充当着"吸尘器"。在我国，空气污染每年使5万人夭折，40万人感染上慢性支气管炎。

第二，能有效地减少能源和资源的消耗和浪费。

有关资料显示，我国每年机动车能源消耗占国内石油总量的85%。据估计，到2010年，我国汽车保有量将超过5600万辆，石油总量缺口将达2.5亿万吨。我国公路建设用地占用

汽车排放的大量尾气

大量土地资源，停车场所也占据了城市的宝贵地段；洗车浪费大量水资源；因结构和技术等因素的影响，单车能源、资源消耗过高，造成巨大浪费。

第三，既能减少肺病的发生，又能减少交通事故的发生。

相关报告显示，中国肺病发病率比过去30年翻了一番，因空气污染导致医疗费用增加，使得中国GDP（国内生产总值）的5%被吃掉。据报道，中国每年发生交通事故数十万起，伤亡人数多达60余万人，直接经济损失达数十亿元。因车祸、交通堵塞造成的经济损失难以估计。

第四，5千米路程不远，时间不长，难度不大，强度不高，符合医学专家提出的保健目标，具有科学性和可操作性。

美国怀特博士主张"每天步行至少1小时"。日本医学博士大矢提出："作为人每天所必需的最低运动量步行1万步最合适。"每天步行1万步对于一般人来说，有一定的困难。为了健康必须达到6000步以上。如果每分钟步行100步，1小时就是6000步。每天坚持30～60分钟的步行，可降低30%～40%患慢性疾病的几率。

第五，费用低廉，随时可以进行。

步行是免费的，而且你不需要专门设备。当然，由于种种原因，比如很多人上班离家较远，或者需要远途旅行，只靠我们的双脚是不现实的，但是，只要我们有"低碳"的意识，无论是哪种出行方式都可以让我们更少地排放二氧化碳，更加环保。俗话说"千里之行始于足下"，不妨就从今天开始做起吧。

超级链接

你听说过"碳足迹"这个词吗？如果没有，那么你要做一个标准"低碳达人"还欠点儿火候。碳足迹（carbon footprint），是个舶来词，它标示一个人或者团体的"碳耗用量"。"碳"，就是石油、煤炭、木材等由碳元素构成的自然资源。"碳"耗用得多，导致地球暖化的元凶"二氧化碳"也制造得多，"碳足迹"就大，反之"碳足迹"就小。

碳足迹

打个比方，一个人开着车子在马路上转一圈就留下了一个碳足迹。总的来说"碳足迹"就是指一个人的能源意识和行为对自然界产生的影响。

如果你上班离家较近，也就是少于 5 千米，不妨采纳我们的建议，步行上下班。

如果你上班离家较远，也就是大于 5 千米，不妨选择骑车或者乘坐公共交通工具，你可以提前一站地或者两站地下车，步行一段路，长此以往，少排放的二氧化碳量也很可观。

如果你非要驾驶私家车，那么就请从一周少开一天车开始吧。据统计，奥运会期间北京实行的机动车单双号限行，减少了 1.2 万吨污染物排

放量，相当于限行前 63% 的汽车尾气排放量。

其实选择低碳生活无关乎人的能力，它就是一种生活方式的改变。无论选择哪种出行方式，都有"低碳"模式可循。

第二节　多走楼梯，少搭电梯

如今城市的现代化程度很高，高楼大厦鳞次栉比，为了方便人们上下楼，几乎高层建筑都配备有先进、舒适的电梯。其中，许多人为了贪一时的方便，从一楼到二楼都要搭电梯上去。而这样的行为是为许多"低碳达人"所不齿的。

有关专家指出，每搭一层楼的电梯约产生 0.218 千克的二氧化碳。如果从一楼到十楼每一层都停的话，将会产生 2.18 千克的二氧化碳，如果每天都如此的话，二氧化碳的累积速度也是相当的惊人！据统计，一栋写字楼内电梯所消耗的能源约占该写字楼总能源消耗的 8%；高级饭店的比例更高，占到 10%。以全中国的电梯为例，光

高楼里的电梯碳排放量惊人

是一年就要花费 300 亿度的电，约等同于 8 座普通发电厂一整年的发电量，背后更代表着 1800 多万吨的二氧化碳。若以树木一生约吸收 1 吨的二氧化碳来估算，每年得多种 1800 多棵树，才能吸收完全中国电梯所产生的二氧化碳。

这个数目的确有点触目惊心，想想这可怕数字背后隐藏的危机，下次

你准备排队搭电梯的同时，也许可以考虑改成爬楼梯！

科学家研究发现，爬楼梯有以下几个方面的好处：

1. 增强心肺功能，使血液循环畅通，保持心血管系统健康，防止高血压的发生。

2. 消耗热量多，对于肥胖的形成能起到良好的阻碍作用。据测算，在相同时间内爬楼梯消耗的热量比打羽毛球多 2 倍，比打乒乓球多 4 倍，比步行多 3 倍，基本与登山消耗的热量相同。

3. 有助于保持骨关节的灵活，避免僵化现象出现，增强韧带和肌肉的力量。有一个长达 8 年的追踪调查，选取两组 56 岁、身体条件基本相同的调查对象，每组 26 名，结果显示：始终坚持爬楼梯的 26 人无一人发生腿关节病，他们腿部肌肉健康，步伐有力；另 26 人由于没有参加运动，12 人感到腿部发凉、麻木，走路无力，14 人患了关节炎和关节僵直病。

4. 爬楼梯消耗体力大，人容易饥饿，可促进食欲，这样能增强消化系统功能。此外，由于腹部反复用力，使得肠蠕动加剧，能够有效防止便秘的发生。

5. 使神经系统处于最佳休息状态，有利于睡眠，可避免焦虑。科学家曾选取 20 名年龄为 32 岁、身体情况基本相同的公司职员进行追踪测试，10 人坚持爬楼梯运动 2 年，没有人出现失眠和神经衰弱；不爬楼梯的 10 人，有 7 人出现失眠和神经衰弱。

爬楼梯作为老少皆宜的健身方式，既不受天气变化影响，也不会花太多时间，不用交一分钱。当然，我们在参加这项运动时，要讲科学，要量力而行，循序渐进。

绿色生活

举手之劳做环保——这句话说起来容易，但不见得人人都做得到！因为许多人想到"环保"，第一印象可能就是觉得"麻烦"。其实在日常生活当中，通过简单的爬楼梯，也能达到环保减碳的功效！想成为"低碳达人"，并非从

小贴士▶▶▶

爬一层楼梯，膝盖得承受来自体重7倍的压力，因此像是有O型腿、膝关节退化，或是膝盖骨外翻的人，不适合爬楼梯，请勿勉强尝试。

此告别电梯，我们只是要大家在可能的情况下多走楼梯，少搭电梯。而且就是这简单的一个举动也有不少方法可循：

1. 先从电梯少搭一层楼开始，简单又不难，让你轻松举"足"之劳也能减碳做环保！

2. 有时楼层太高，又需要搭电梯时，如果电梯所在楼层离你的目标楼层不远（例如只差一两层），则选择爬楼梯到该楼层，然后再搭电梯。

3. 最好和他人一起合搭电梯，这样可以减少碳排放。

4. 减少电梯爬的楼层数与启动的次数。电梯本身待机时就很耗电，而搭电梯时，启动的一刹那耗电量很大，所以楼层少时，尽量走楼梯。

走楼梯可以起到健身的作用

5. 电梯满载下楼较省电，所以最好多人搭电梯。如果在下楼时电梯是满载的话，其实是可利用本身的重力下降，所耗的电力也会比一个人时少得多。换言之，当越多人同时搭电梯下楼，电梯运作就越省电。

6. 一个人搭电梯下楼比上楼耗电，所以下楼时最好不要独自搭电梯。

有数据表明，一个人搭电梯下楼的耗电量，竟是一个人搭电梯上楼的107倍。其实试算一下，只要有10个员工，每天减少一次独自从九楼搭电梯到一楼的旅程，一年就能减少400度电及920元的电费。当然，这也将同步减下了254千克的温室气体。

超级链接

为什么一个人搭电梯下楼，会比搭电梯上楼还耗电呢？

在一般大楼的电梯系统里，会有一个类似铅垂的对重系统在电梯塔内，以维持电梯重量的平衡；对重系统本身要比无人的电梯箱重，且两者大约会在电梯载重量达45%的时候，于重量上达成平衡。也就是说，当一个人搭电梯从一楼上楼时，由于对重系统比电梯重，因此只要靠着重力及滚轮，不用耗太多电就能把电梯给升上去。相反，如果只有一个人搭电梯下楼时，因为电梯本身不够重，牵引马达就得启动，把对重系统拉起，当然就会使用较多的电。

第三节 别忽略了自行车

在过去的一个世纪，北京、上海、广州等大城市是自行车的天地、骑车人的天堂，自行车几乎是普通老百姓出行的唯一方式。但是现在，自行车路面渐渐被汽车挤占，自行车交通日益边缘化。与此同时，城市环境和交通状况的日益严峻。我们需要对自行车少污染、方便灵活的优势重新进行审视。

自行车出行究竟能给我们带来什么好处呢？

1. 在距离合适的情况下，放弃开车而选择骑自行车上下班，轻盈便捷，可以免受堵车之苦。

2. 对于私家车主来说,选择骑自行车上下班再也不必担心油价的攀升。

3. 相较步行而言,自行车更灵活、省力,我们在前面推荐上班族5千米以内步行,如果你有一辆自行车,就可以将此距离扩大到10千米,那么与步行一样,每百千米将相比自驾车减少50千克二氧化碳排放量。

4. 自行车是多种代步工具中最省能源的一种,它不需要燃料,在使用过程中又不会排放废气。

5. 自行车体积小,较灵便,不像汽车那样需要大面积的停车场。

很多人认为,骑自行车是上个世纪的"老黄历"了,它费时费力,又"土老帽",不如开车那么洒脱、威风。其实,如果你真是时尚中人,就会发现,如今,自行车是环保人士推崇的最时尚、最新的出行方式。

1991年,上海清晨的自行车潮

在欧洲,很多人为了减少因驾车带来的空气污染而愿意骑自行车上班,这样的人被视为环保卫士而受到尊敬。

美国的报纸经常动员人们每次去超市购物时,尽量多买一些必需品,减少去超市的次数,以便节省汽油,同时减少空气污染。颇有影响的美国自行车协会一直呼吁政府在建公路时修自行车道。

在德国，很多家庭喜欢和近邻骑自行车外出购物，既增进了邻里感情，又减少了汽车尾气的排放。

2007 年，为了减少污染气体排放量，法国巴黎市政府启动了一项"自行车城市"计划，准备在市内修建 1000 多个自行车租赁站，为市民提供几乎免费的自行车租赁服务。

在我国的北京、上海、广州等地，许多上班族也纷纷加入自行车一族，为环保尽自己的一份绵薄之力。

其实，骑自行车不仅是一种简单易行的低碳生活方式，它还是一项十分流行的健身运动。在国外，骑自行车健身可以说是方兴未艾。以美国为例，根据《美国新闻与世界报道》披露，美国有 2000 万人用骑自行车健身，而且参加的人数逐年增多。法、德、比利时、瑞典等国，还以骑自行车"一日游"的时髦体育旅游消遣活动，吸引了成千上万的人踊跃参加。

自行车的健身作用主要表现在以下几个方面：

第一，能预防大脑老化，提高神经系统的敏捷性。现代运动医学研究结果表明，骑自行车是异侧支配运动，两腿交替蹬踏可使左、右侧大脑功能同时得以开发，防止其早衰及偏废。

第二，能提高心肺功能，锻炼下肢肌力和增强全身耐力。骑自行车运动对内脏器官的耐力锻炼效果与游泳和跑步相同。此项运动不仅使下肢髋、膝、踝 3 对关节和 26 对肌肉受益，而且还可使颈、背、臂、腹、腰、腹股沟、臀部等处的肌肉、关节、韧带也得到相应的锻炼。

第三，能减肥。骑自行车时，由于周期性的有氧运动，使锻炼者消耗较多的热量，可收到显著的减肥效果。

第四，能益寿延年。根据国际有关委员会的调查统计，在世界上各种

不同职业人员中，以邮递员的寿命最长，原因之一就是他们在传递信件时常骑自行车的缘故。

超级链接

新型环保折叠电动自行车

在城市里，越来越多的人喜欢上了电动自行车。电动自行车比汽车更环保、占地更小，而比普通自行车速度更快、更省劲。然而，电动自行车的体积往往比普通自行车要大得多，越来越多的电动自行车让城市的自行车道和自行车停车场都变得拥挤起来。

叠电动自行车日益受到人们的青睐

如果现在的所有自行车用户都使用电动自行车，自行车道的拥堵问题将难以解决。因此，一些国家的技术人员开始研制小巧玲珑的折叠电动自行车，希望能解决这个越来越迫切的交通问题。

英国伯明翰大学的研究人员设计的"蚱蜢"电动自行车就可以折叠，这款自行车外观时尚有趣，有些像昆虫中的蚱蜢。该车后部采用弧形设计，本身构造就十分紧凑，在路上不会比普通自行车占用的路面多。这款自行车折叠之后体积更小，可以自行站立，不会占用更多的停车空间。该车采用了质量轻、硬度强的航空材料——镁合金，电池是锂电池，所以它的自重只有 10 多千克，人们甚至可以把它搬回家放到自家的阳台上。

瑞士一家电动自行车公司研制的电动踏板自行车也可以折叠，折叠后可以放在汽车的后备箱中。这种自行车如果没有电池，看上去就像是一个三轮滑板车，单个电池就能使用户以最高时速 32 千米轻松驶 60 千米。骑手在骑车时身体保持直立，感觉就像是在滑雪一样。该车具有功能多样化后轮特殊的跳跃式避震设计，使得该电动车能轻松避开障碍物，在野外游玩也可以使用。该自行车是铝制车身，钢化玻璃做底板。

美国麻省理工学院的几个学生研制的一款"聪明"电动自行车，实际上是一款可折叠的电动自行车。这些学生的研究是麻省理工学院的"智能城市"大型研究项目下的一个分支项目，目的都是为了使城市交通更便利，空气更新鲜。当把自行车两个轮子折叠起来之后，在拥挤的城市中更方便携带。这款折叠电动自行车最突出的特色是，它折叠之后还可以像旅行箱一样拉着前进，不像其他折叠自行车那样需要扛着走，真的很方便。

第四节　尽量选择公共交通工具

对于大多数人来说，当远途出行时，由于时间原因，不太可能选择步行或者骑自行车，那么是不是就无法低碳出行了呢？其实不然，公共交通工具就是绿色出行中很重要的组成部分。公共交通工具包括公交车、地铁、电车、火车等。最大的好处是出行距离远、网络密集、成本低，且不受天气环境影响，适用于出行距离较远、停车不方便的地区。

公交车

现代导轨电车

那么，乘坐公共交通工具出行究竟能减少多少碳排放呢？

如果你是一名上班族，如果你上班的地点离居住地较远（大于 5 千米），那么，如果你少开自用轿车而改搭公交车或者电车，若以每次 100 千米计算，改搭 5 次公交车，将可减少 26.6 千克二氧化碳排放量，改搭 5 次电车，将可减少 29.4 千克二氧化碳排放量。

如果你要去 8 千米以外的地方，乘坐轨道交通可比乘汽车减少 1.7 千克的二氧化碳排放量。

如果你要出远门，不是选择长途汽车、火车或者轮船，而是乘坐飞机，那么乘坐飞机的二氧化碳排放量计算方法如下（千克）：短途旅行：200 千米以内 = 千米数 × 0.275；中途旅行：200 至 1000 千米 = 55 + 0.105 ×（千米数 – 200）；长途旅行：1000 千米以上 = 千米数 × 0.139。不同航空公司因航线、机种不同，每千千米碳排放量略有差别。另外不同舱位碳排放量也不一样，如新加坡航空，香港飞旧金山经济舱的人均碳排放量是 1.83 吨，商务舱是 3.79 吨，头等舱是 5.60 吨。

我们在前文中为大家介绍了许多乘坐公共交通工具出行的好处，那些好处似乎都是显而易见的。但是你是否知道，公共交通工具和骑自行车一样，都有益于我们的健康。

美国交通卓越中心（Center for Transportation Excellence）是一家非赢利性研究与政策机构。该中心主任约森·乔丹说："最近 5 年的研究都非常清楚地表明，选择公共交通工具出行有益健康，因为这让人们得到更多的步行锻炼。"

美国的一些地方已经在采取措施，鼓励人们放弃驾车而选择公共交通工具。洛杉矶市发起了"健康地铁"行动，鼓励市民步行或者骑自行车去公共交通站点，这样做还可以欣赏沿途的城市景观。弗吉尼亚州阿林顿市

发起了"无车减肥"行动，鼓励市民改用公交方式出行，并且开通了相应的网站，市民可以在线计算自己选择公交方式上下班所消耗的卡路里。俄勒冈州威尔森维尔市发起了"聪明行走"行动。该项目向参与的市民提供计步器和日志本，帮助市民记录每天步行的运动量。

今年53岁的亚特兰大市民萝丝·福莱彻尔便是这种观点的受益者。她说，她去年不再开车上下班，而是采用了公共交通工具，一年下来她减去了30磅（1磅＝0.4536千克）的体重。萝丝改变自己的上下班出行方式是因为参与了"亚特兰大清洁空气行动"。她佩戴了计步器，每天步行4～5英里（1英里≈1.6千米），包括赶往公交站点以及站内步行的距离。

乘坐公共交通工具不仅能省油、能减肥、环保，还有许多其他好处：

第一，经济实惠，性价比高。公共交通大都是政府投资，你可以花很少的钱坐很长时间的车。比如，北京公交车起价只要4毛，地铁只要2元，还可以享受到冬暖夏凉的空调。

第二，公交车的道路使用效率要比开私家车高得多。大家都来坐公交车，就可以省出大量的道路。

第三，公共交通运力集中，避免堵车，为交通便捷做了很大贡献。

第四，安全。公交车本身躯体庞大，路人或者一般社会车辆都"敬而远之"，加之有专用车道，车速也较慢，因此，公共汽车一般较少出事故。

第五，响应刷卡消费。如今大多一线城市的公交车都号召乘客办理"乘车IC卡"，不仅乘坐很方便，还是很时尚的"刷卡消费"。

第六，公交车可以用较少的能源运送较多的人。一条行车道如果供私家车使用，每小时最多只能通过700辆车，2000人左右，但是如果该车道专供快速公交使用，却可以运送1.5万人左右。

17

比起私人轿车来，也许公共交通工具显得有些拥挤和不便，但是如果大家在外出时，都能尽量乘坐公共汽车、电车、地铁等公共交通工具，就可以减少汽车的出行，即可节省汽油，又可以减少汽车尾气排放带来的大气污染，我们的天空也许会比现在湛蓝许多。所以，若想成为一个"低碳达人"，不妨从改乘公共交通工具开始。

北京路面上的私家车越来越多

如果你上班离家较远（大于10千米），就选择地铁或者公交车上下班吧。

如果你想在离家不是很远的地方（没有出本市）自驾游，不妨采用公共交通工具和自行车或者步行结合的方式。

如果你想要过一个更环保的假期，以下有一些事情要考虑：

选择一个离家更近的地方旅行，或者采用较长的休息时间并且减少度假次数，而不是多次短时间的度假，这样将有助于减少你的假期对气候变化造成的影响。

可以采取其他方式代替飞机或者汽车旅行，尤其是你要旅行的时间更长的时候，平均而言，乘坐火车的方式，二氧化碳排放量相当于国内或短途欧洲飞行的大约1/3。

第五节　低碳驾驶，减少污染

汽车尾气主要含有一氧化碳、碳氢化合物、氮氢化物等有害气体。其中，一氧化碳与人体血液中的血红蛋白结合的速度比氧气快250倍。所以，即使仅吸入微量一氧化碳，也可能给人造成缺氧性伤害。轻者眩晕、头

疼，重者脑细胞受到永久性损伤。由于汽车尾气多排放在 1.5 米以下，因此儿童吸入的汽车尾气为成人的两倍。

为了抑制有害气体的产生，促使汽车生产厂家改进产品以降低这些有害气体产生的源头，欧洲和美国都制定了相关的汽车排放标准。其中欧洲标准是我国借鉴的汽车排放标准，大家往往习惯简称为"欧标"。

欧盟轻型柴油车排放标准（克／千米）

标准	生效日期（年）	CO	HC + NO		PM（颗粒）
欧 I	1992/1995	3.16	1.13		0.18
欧 II	1996/1999	1.0	0.9		0.1
欧 III	2000/2005	0.64	HC	NOX	
			0.06	0.5	0.05
欧 IV	2005	0.5	0.05	0.25	0.025
欧 V	2008～2009	0.2	0.005		

欧盟重型柴油车排放标准（克／千瓦·时）

标准	生效日期（年）	CO	HC	NO_x	PM（颗粒）
欧 I	1992/1993	4.9	1.23	9.0	0.4
欧 II	1995/1996	4.0	1.1	7.0	0.15
欧 III	2000	2.1	0.66	5.0	0.1
欧 IV	2005/2006	1.5	0.46	3.5	0.03
欧 V	2008/2009	1.5	0.46	1.0	0.002

欧洲标准是由欧洲经济委员会（ECE）的排放法规和欧共体（EEC）的排放指令共同加以实现的，欧共体即是现在的欧盟（EU）。排放法规由 ECE 参与国自愿认可，排放指令是 EEC 或 EU 参与国强制实施的。汽车排放的欧洲法规（指令）标准 1992 年前已实施若干阶段，欧洲从 1992 年起开始实施欧I（欧I型式认证排放限值）、1996 年起开始实施欧II（欧II型式认证和生产一致性排放限

绿色生活

值)、2000 年起开始实施欧Ⅲ（欧Ⅲ型式认证和生产一致性排放限值）、2005 年起开始实施欧Ⅳ（欧Ⅳ型式认证和生产一致性排放限值）。

欧盟在 2005 年 1 月 1 日刚刚推行了欧Ⅳ排放标准之后，又制定了更加严格的欧Ⅴ和欧Ⅵ排放标准。位于布鲁塞尔的欧洲议会于 2007 年通过了欧Ⅴ、欧Ⅵ汽车排放标准。

欧Ⅴ标准主要针对柴油和汽油轿车及轻型商用卡车，而欧Ⅵ标准单独针对柴油轿车。欧Ⅴ和欧Ⅵ排放标准大幅度提高了对轿车和客车在粉尘颗粒及氮氧化物排放量方面的要求。

按照欧Ⅴ排放标准，柴油轿车的颗粒物排放量将减少 80%；而实行欧Ⅵ标准后，柴油轿车的氮氧化物排放量将比目前减少 68%。欧Ⅴ标准要求从 2009 年 9 月起，所有在欧洲销售的柴油车必须加装颗粒物过滤器，现有的柴油车可以在 2011 年 1 月之前改装完毕。欧Ⅵ标准将于 2014 年起实行。

我们知道汽车尾气的排放对空气造成了很大的污染，还会危害我们自身的健康，作为一个"低碳达人"，我们如何做到低碳驾驶呢？

首先，如果你为了方便出行，不得不选择购买私家车，那么，就请购买环保汽车吧。其实，购买环保汽车，并不意味着你必须妥协。因为更省油的汽车使用更少的燃料，产生较少的排放量，还节省你的燃料费和汽车税。当考虑汽车用燃料的效率时，请记住：

1. 同一型号或类型的汽车，其不同版本在耗油上差别可能很大。因此，购买你满意的款式的时候尽量使用低消耗的汽车。

2. 一般原则是，体型较小的汽车或引擎更小的汽车更节省燃料。

其次，你在开车上路时，也要做到环保驾驶。因为你驾车的方式会影响到你的汽车的燃油量和汽车尾气排放量。以下几点会让你省钱又减少排放量：

1. 平稳驾驶可以减少燃料消耗。察看路面情况，预计交通状况，并避免过度加速和刹车。

2. 适当的时候转换高档位驾驶。汽油车在2500转/分，柴油车在2000转/分。车辆行驶速度在37英里/小时，使用三挡会比五挡多耗费25%的燃料。

3. 坐进汽车就走。现代引擎都设计得非常高效，允许你坐进去就开动。保持发动机运行或踩加速器会耗费燃料，增加发动机磨损，并增加排放量。

4. 如果你有一段时间不行驶，比如超过一分钟，那就关闭引擎。

5. 定期检查汽车轮胎的充气状况。充气不足的轮胎可以增加的燃料消耗量多达3%。

6. 保持车速限制。70英里/小时的速度驾驶比50英里/小时会多使用30%以上的燃料。

7. 移除不必要的重量和车顶架。它们会增加的重量和空气阻力，从而增加了燃料的用量。

8. 空调和其他的电气设备（如手提电话充电器）增加燃料消耗，因此，只有在必要时再使用。

9. 玩排放任务游戏来测试你的驾驶技巧。

如果你嫌乘坐公共交通工具费时、费力，而且还想享受私家车带来的便利，那么无论你是不是有车一族，你都可以通过拼车或者加入汽车俱乐部实现理想的出行方式。

时下深受白领阶层青睐的拼车方式究竟有哪些好处呢？

第一，由于减少了交通量，使得碳排放量减少，空气质量有所改善。

第二，降低每个人的交通费。

第三，由于路上车辆更少，旅途更加顺畅，路途花费的时间大大缩短。

21

绿色生活

第四，找到停车位的机会更大。

第五，上下车时人身更安全。

减少碳排放，切实做到低碳驾驶、低碳出行，功在当代，利在千秋。每个人为环境贡献自己的一份力量，我们的明天将会更美好。

超级链接

英国街头的汽车俱乐部

随着人们生活水平的提高，不少人都渴望能有一辆属于自己的汽车，但是拥堵的交通状况和持续上涨的养车费用都是汽车驾驶者不得不面对的问题。对此，英国的一家汽车俱乐部就做出了有益的尝试，他们让驾驶者有了新的选择。沙丽娜·韦尔奇就是伦敦街头汽车俱乐部的成员，每次要用车之前，沙丽娜只要通过电话和网络进行预订就可以了，来到离自己最近的专用停车场后，用特制的智能磁卡隔着车窗扫描一下，车门就会打开，上车后输入密码打开防盗锁，接下来插入钥匙打火就可以把车开走了。沙丽娜加入街头汽车俱乐部后，体会到这种共享汽车给她带来了很大的方便。使用街头汽车俱乐部的共享汽车每小时的租车费是5英镑，租车费中包括了燃料的费用，同时长时间租车还有价格上的优惠，比如在周一到周四的工作日期间，租一整天车的费用只需要35英镑，周末的费用不超过50英镑。当然，要是弄脏汽车、造成破坏，以及超期交还使用者都要缴纳一定数额的罚款。

要是在同一时间内就很多人想要租用汽车，俱乐部能否应付得来呢。起初，街头汽车俱乐部拥有250辆汽车，企业联合创始人安德卢瓦·伦丁也计划增加汽车的保有量能来应对日益增长的需要。街头汽车俱乐部估计，俱乐部的每一辆车平均能取代28辆私家车，这样不仅能为净化环境缓解交通压力做出贡献，还能为人们节省汽车购买和保养方面的开销。

第六节　为碳买单，认养绿树

众所周知，树可以吸收二氧化碳，并通过光合作用使它转化成氧气，可以平衡地球上的二氧化碳含量，减弱温室效应。而且有20%的温室气体排放，是因为森林面积减少和土地利用方式变化造成的，这是全世界所有车辆排放的两倍。

无奈的是，我们生存的地球生态环境还在日益恶化，大片森林正在减少或者消失。森林的消失意味着大面积的水土流失、荒漠化的加速。目前全球有100多个国家，约有9亿人口和25%的陆地受到荒漠化威胁，每年因荒漠化造成的直接经济损失达400多亿美元。我国受荒漠化影响的地区超过国土总面积的1/3，生活在荒漠地区和受荒漠影响的人口近4亿，每年因荒漠化危害造成的经济损失高达540亿元以上。

现在，热衷于减少其"碳足迹"的人们可以借助一种乘法计算工具计算出他们产生的碳污染，然后减少"碳足迹"或者为之做出补偿，也就是为碳买单，其中认养绿树就是最具积极意义的一种补偿方式。而这一健康、时尚的环保行

孩子们在认养绿树

动也得到了各方的积极响应。

"保护国际组织"就"身体力行"计算出某次活动的碳排放总量为4280.2千克，并承诺将在中国西南山地以多重效益造林的方式种植32棵树，抵消该次活动的碳排放。

一个英国企业"碳中和公司"甚至提供一种"碳中和"婚庆典礼，只

23

需支付 30 英镑，新娘和新郎就可以在位于英格兰西部德文郡的"连理森林"（Marry Me Wood）用自己的名字种下两棵树。

国内影星周迅则用 6000 元买了 238 棵树，为的是抵消她在 2008 年飞行了 149483 千米所产生的那个碳排放量数字——19493 千克。

2009 年植树节，一名来自汇丰银行北京分行的员工就认捐并种植了 40 棵树苗，目的就是抵消掉去年他举办婚礼时排放的 3300 千克二氧化碳。

…………

超级链接

给二氧化碳算笔账

既然倡议大家认养绿树，减少碳排放，那如何算出个人的碳排放呢？这里，给大家推荐一个人性化的小工具——碳排放计算器，有了它，不管是个人的吃喝拉撒睡，还是一家三口的日常生活，排放了多少二氧化碳都能一清二楚地计算出。比如，家居用电的二氧化碳排放量（千克）＝耗电度数×0.785；开车的二氧化碳排放量（千克）＝油耗公升数×2.7；乘坐飞机进行 200 千米以内的短途旅行的二氧化碳排放量（千克）＝千米数×0.275……

是不是还有点复杂，举个简单例子吧。夏天开空调，如果不考虑温度，每小时耗掉 1.5 度电，一夜下来，大概要排放 10 千克左右的二氧化碳。这还只是简简单单的活动，再看看排放的大头，最厉害的还是使用消耗能源巨大的交通工具。比方说，如果你乘坐飞机从北京飞到上海去看世博会，实际里程是 1088 千米，排放出 151 千克二氧化碳；如果你突然头脑发热，决定改为驱车前往，291 千克的二氧化碳就排出去了，比坐飞机还足足多排了 140 千克二氧化碳。

如果你觉得这样一项一项地计算太麻烦，碳排放计算器还提供了一种选择，根据家庭人数、个人的住房结构、家用能源概况、交通习惯和环保习惯，整体估算整个家庭的二氧化碳排放量。比如，如果你们家是一个住在城市小户型房里的三口之家，家里的所有灯具都使用节能灯，习惯随手关灯，经常洗澡，没有私家车，也不投资旅行，家人都骑单车上班，每年乘坐出租车的里程不超过 500 千米，那么恭喜你，你们家的二氧化碳年排放量为 2 吨，低于中国家庭每年碳排放量的平均水平——2.7 吨。

当然，如果你认为认养绿树太麻烦，还可以直接花钱买"碳"，让专门的机构去种植碳汇林或者建立风力发电厂，来抵消你排出的二氧化碳。比如：在北京的八达岭，就有一个碳汇林林场，你花 1000 元钱买到的碳汇林就可以抵消掉你所排放的 5.6 吨二氧化碳，这差不多相当于一个家庭两年排放出的二氧化碳量。

除此之外，世界自然基金会（WWF）还推荐了 4 个可供购买碳排放额度的环保网站：www.climatefriendly.com、www.my-climate.org、www.atmosfair.de 和 www.nativeenergy.com。

不仅如此，如今在欧盟，"碳权"已经可以在交易所买卖，就像股票市场一样，有人买，有人卖，最近的碳价已经飙升到 1 吨 19 欧元；在全世界，也成立了很多碳交易机构，比如美国的芝加哥气象交易所在 2008 年有价值 3800 万美元、共 1000 万吨的碳被企业或者个人交易。英国也表示，他们打算将碳交易落实到个人头上，在未来发行碳信用卡，来控制公民对二氧化碳的过量排放。

不过，相比直接花钱买碳，大家最好是认养绿树。因为一棵绿树产生

绿色生活

的生态价值是非常可观的。

印度加尔各答农业大学德斯教授对一棵树的生态价值进行了计算：一棵50年树龄的树，产生氧气的价值约 3.12 万美元；吸收有毒气体、防止大气污染价值约 6.25 万美元；增加土壤肥力价

一棵树的生态价值让人惊叹

值约 3.12 万美元；涵养水源价值 3.75 万美元；为鸟类及其他动物提供繁衍场所价值 3.125 万美元；产生蛋白质价值 2.5 万美元。除去花、果实和木材价值，总计创值约 19.6 万美元。

超级链接

低碳达人

芮成钢

中国购买个人碳排量第一人。在北京奥运会开幕的一年前，芮成钢送了奥运会一份礼物：一年开车的碳排量。按每周 200 千米计算，他一年的碳排量为 2.93 吨，算下来是 300 多元。这些钱被世界环保组织用来处理环境污染以及开发新型的清洁能源。300 多元并不是一个大数目，却可以抵消一年开车的碳排放。

张杨干

张杨干对减碳很执著，每天记录自己的碳排放，如果上一周的碳排放太多，他会改搭公交车、少吃牛肉、上班走楼梯等办法来减少碳排放。外号"阿干"的他，曾经从照片里看到一个小岛因为气候变暖而被海水淹没，受到触动后去英国读全球暖化硕士，毕业后一直致力于低碳生活的推广。

所以说，要想成为一个"低碳达人"，不仅要在平常生活中尽量减少碳的排放，每个人每年都应制订计划，栽种一定数量的树木补偿你所排放的"碳"。

第七节 低碳办公初体验

众多周知，谷歌（Google）已经成为不少人工作生活不可或缺的一个搜索引擎了。有趣的是，有网民在网上提出一个问题：白色页面的谷歌搜索引擎和全黑页面的谷歌哪个更环保？结论是全黑页面的谷歌更环保。因为有人通过测算得出，相比于白背景，黑色背景的谷歌每天可以为全球用户节约 8300 千瓦时的电量。你是否从中嗅出低碳办公的气息了呢？

如今，能耗、电子废物、辐射、噪音和废气等问题对我们的办公环境形成了极大的挑战。据估算，我国政府每年 800 亿的能源消耗中，50% 来自 IT 产品。近年，IT 产品能源消耗以每年 8% ~ 10% 的速度增长。2007年，我国 IT 产品的总耗电量在 300 亿 ~ 500 亿度之间，几乎相当于三峡电站一年的发电量。

据某网站的统计，如今世界每年产生的电子垃圾达到 2000 万 ~ 5000万吨。中国正在进入电子产品报废的高峰期，废弃的电脑、打印机等电子垃圾的数量已不容小觑。据相关报道，2010 年，北京市将产生 15.83 万吨电子废弃物。

面临信息化办公的环境挑战，我们需要一场办公变革，新办公方式在维持现有效率或更高效率的同时，需具备低能耗、低污染的特点，即低碳办公。

低碳办公并不是什么可望而不可即的遥远理念，只要我们适当改变一下办公方式，就会成为办公室的"低碳达人"。

1. 多用电子邮件、MSN 等即时通讯工具，少用打印机和传真机。

2. 在午餐休息时和下班后及时关电脑，这样做除省电外还可以将这些电器的二氧化碳排放量减到最低。有关部门通过调查发现，全球约有 64% 的人下班不关电脑。而如果有 10 万用户在每天工作结束时关闭电脑，就能节省高达 2680 千瓦时的电，减少 3500 磅的二氧化碳排放量，这相当于每月减少 2100 多辆汽车上路。

3. 办公室内种植一些净化空气的植物，如吊兰、非洲菊、无花观赏桦等主要可吸收甲醛，也能分解复印机、打印机排放出的苯，并能咽下尼古丁。

构筑绿色办公环境

4. 我们每天都会收到商家发来的广告宣传品，大多数人对这些垃圾广告的处理方式就是将它们丢进垃圾桶。要知道，为了节约成本，很少有商家会使用再生纸印制宣传单。每天都有那么多木材制成的纸张白白地被当成垃圾一样扔掉，着实让人心疼。

5. 不用一次性纸杯，除非有访客到来。一个大型公司一年的纸杯使用量按 30 万只算，按照 0.19 元/只的成本，每年能节省 5.7 万元。壳牌中国公司特意不将纸杯放在饮水机旁边，4 层的办公楼，一年节省了 20 多万只纸杯。

6. 随手关灯，人走灯灭。包括茶水间、卫生间的灯。一项来自 IBM 的评估表明，1991 年，公司全球范围仅因鼓励员工在不需要时关闭设备和照明将省 1780 万美元。而这一举措预计将减少 19 万吨二氧化碳排放，相当于减少了 5 万辆汽车行驶的排放量。

7. 双面复印或者打印纸张，如无必要，最好还是无纸化办公。美国 Mentor Graphics 公司在所有的复印打印机旁贴上提示要求员工双面使用纸张。一年下来，公司复印纸消耗量下降了 35%，节省了 1.5 万美元的纸张消耗。

8. 自觉拔掉充电器。尽量使用能接电源的设备，不用电池。如果必须用电池，那就使用充电电池。

9. 放弃出差，采用远程电话会议。如果非要出差，也尽量选择乘坐火车而不是飞机。这样既节省了出差的旅费，又大大减少了碳排放量。

10. 空调温度设定为夏天 26℃、冬天 20℃。

超级链接

绿色 PC

PC 几乎是普通上班族必备的办公用品之一。近年来，这一行业的巨大二氧化碳排放量受到广泛的关注。据统计，2008 年全球 PC 保有量突破 10 亿台，有利于"低碳生活"的绿色 PC 理应成为我们的选择。那什么是"绿色 PC"呢？低辐射、低噪音都是"绿色 PC"的特性，但真正的"绿色 PC"，还必须是可以让环境不断"优化"的电脑。

绿色生活

RoHS 限制有毒物

地球上大约有 45 种重金属元素，重金属如果深入土壤，就会危害到生态环境；如果人体内重金属含量超标，就容易造成慢性中毒。欧盟议会和欧盟理事会于 2003 年 1 月通过了 RoHS 指令，即在电子电气设备中限制使用某些有害物质指令，其中明确规定了电子产品重金属有害物质的最大限量值。如果你的电脑符合以上指令，那就符合绿色 PC 的标准之一了。

提高能效　减少能耗

有研究表明，目前 PC 耗电量中的大约 1/2 被白白浪费，如果将计算机的供电效率提升到 90% 以上，全球每年可减少 5400 万吨二氧化碳排放，相当 1100 万台汽车的排放。因此节能是"绿色 PC"最重要的特征。

改善噪音及散热

噪音散热是污染环境、威胁人体健康的另一大问题。"绿色 PC"必须尽可能地降低电脑运行时的噪音，又能够保证电脑的高运行频率。

符合人体使用习惯

绿色环保最终是为我们自己服务的，"绿色 PC"还应该表现在人性化的方面，产品应以使用者需求及使用感受为出发点，使人感到舒适、轻松、方便。比如有效抗菌、设计符合人体力学原理等。

第二章

节约刻不容缓　浪费亟待解决

绿色生活

　　随着社会经济的飞速发展、生活水平的不断提高，人们的节约意识逐渐淡漠，浪费现象极为普遍。聚会吃饭剩大桌的饭菜被认为是气派，点菜数量少、碗碟被"扫"干净被认为是小气；在空调屋里人们多加衣服才能抵得住寒冷；日常用水不用器皿盛水，任水哗哗流淌；洗菜的水倒掉、淘米的水没有进行有效地利用……

　　地球上的资源不是"取之不竭、用之不尽"的，我们生活在同一个地球上，资源是供我们共同享用的，浪费就是对他人资源的侵占。

　　受众多人为因素的影响，我们的生活出现了前所未有的危机——全球变暖、沙漠化加剧、气候异常、自然灾害频发……为了我们的生存，必须把节约变成一种自觉行动、一种生活的习惯。着眼于生活中的细枝末节，反对浪费、厉行节约，就是对我们的未来负责。

第一节　一水多用

　　水是生命之源，世间万物都离不开水。水是一种特殊的、不可替换的资源，水是人们生活的生命线。水资源状况关系到社会的稳定与发展，实现水资源的可持续利用对我国的社会发展具有重要的意义。然而随着人口的激增，工业发展对需水量的增加，水污染的日益严重，水资源变得越来越宝贵。

　　具体来说，我国水资源有以下几个特点和变化趋势：

干涸的水源头

一、随着气候的变化，全球变暖使我国年降水量及年径流量出现"南增北减"的变化，南方洪涝灾害可能增多，北方则可能变得更加干旱。加之经济的发展和人口的激增，不仅增加了需水量，而且水污染日益加剧，对水资源的形成和水循环造成不利影响。

二、水资源人均拥有量低。我国拥有的淡水资源总量低于巴西、俄罗斯、加拿大、美国、印度尼西亚，居世界第六位。但现实可利用的淡水资源量只有1.1万亿立方米左右，人均可利用水资源量仅约为900立方米，不足世界平均水平的1/3。

三、水资源在时间上分布不均。我国降水时间基本上是冬春少、夏秋多。从总体来看，降水量越少的地区，年内集中程度越高，因此容易形成春旱夏涝。

四、水资源在空间上分布不均。我国水资源总体趋势是南方多、北方少；东部多、西部少；山区多、平原少。

由于我国水资源的上述特点，使得部分地区水资源供需矛盾十分尖锐，尤其在城市里，越来越多的水消耗使全国的用水形势频频告急。据我国水利部门统计，全国661个城市中有400多个缺水，100多个城市严重缺水。

面对如此严峻的形势，每个家庭的节水行动对于建设节约型社会来说，其意义显得尤为重要。事实上，当前我国城市的家庭用水存在许多浪费。以北京市为例，据北京市节水办调查研究，北京居民生活用水严重超标，用水量超过8吨/月的用户占总用户的50%～80%。

考虑到当今的水资源形势，经多方的研究实践，一水多用对于每个家庭来说，是最有效、最切实可行的节水方法。我们在日常生活中应养成节

33

约用水的好习惯，尽量做到一水多用。

一水多用的节水法大概归纳如下：

洗脸水可以洗手、洗脚，然后冲厕所。

淘米水可以洗水果、洗蔬菜，洗完水果、蔬菜的水浇花、浇菜。

淘米水洗手、洗衣服。

洗衣服的水可以洗车、洗拖布。

洗澡水可以收集起来，以备冲厕所之用。

洗碗水可以用来冲厕所。

晾衣服时，下放水盆，收集备用（如洗车、洗拖布）。

…………

超级链接

淘米水中沉淀的白色黏液多半是淀粉，其不但含有丰富的营养物质，而且是得力的"生活帮手"。

用淘米水洗脸和手，可使面部和手部的皮肤滋润光滑，防止皮肤干裂；用淘米水洗涤浅色衣服，可使衣服保持鲜亮的颜色；用淘米水浇花，可以补充花卉所需的水分和营养，使花开得更灿烂；用淘米水洗肉，比用食盐、明矾等更省事省时，而且更干净；砧板在切羊肉或鱼后，把砧板放到淘米水中冲洗，可将膻味或腥味除去；用毛巾蘸淘米水擦洗门窗玻璃、家具、搪瓷制品等，不但可以去污除渍，还可使其色彩光亮；将生锈的炊具用淘米水浸泡几个小时后再擦拭，易把炊具上的锈除去；用淘米水洗头，可使头发乌黑、光亮，防止脱发。

34

除以上的建议外，我们在日常生活中可以根据个人的生活习惯进行调节，其实许多细节都可以纳入一水多用的队列中，"习惯成自然"，如此坚持下来，一个三口之家每月可以节水 1 吨左右。按 1 亿家庭计算，如果大家均采取"一水多用"的节水手段，每年就可以节水约 12 亿吨，并可减少 12 亿立方米的污水排放。

实现水资源的可持续利用，支撑和保障经济社会的可持续发展，是我国目前面临的紧迫任务，需要全国人民采取积极行动，从各个方面促进有效节约、管理和使用水资源，应对挑战。建设节水型社会，实现水资源的可持续利用与水资源的保护是解决水资源短缺问题的根本出路。

"不积跬步，无以至千里"，聚小流才得以汇江海，坚持一水多用，相信在大家的共同努力之下，我国的水资源危机状况会得到有效的缓解，所倡导的节约型社会之路将会越走越远。

第二节　器皿盛水你做到了吗

水，是一切生命赖以生存、繁衍和发展的物质基础，是生态与环境最重要的制约要素，是社会经济发展不可或缺的重要资源。据科学家统计，地球上的水资源总量约为 14 亿立方千米，其中海水占 97.5%，淡水占 2.5%，其中绝大部分为极地冰雪冰川，人类可以直接利用的水约为 0.01%。

从全世界范围来看，水资源问题是一个世界性的难题。第一，全球用水量的大幅增加。联合国教科文组织公布的《世界水资源开发报告》指出，全球用水量在 20 世纪增加了 6 倍，其增长速度是人口增长速度的 2 倍。第二，城市化趋势加重了对安全合理用水的考验。城镇人口比例的大幅增加，从而造成城市用水需求激增。第三，发展中国家和发达国家在水资源利用方面发展不平衡。在许多发展中国家，干旱缺水已成为贫困和生

绿色生活

态环境恶化的重要原因。受多方面因素的影响，全球水资源状况迅速恶化，"水危机"日趋严重。

长期以来，我国存在用水效率不高、用水浪费严重的现象，也加剧了我国的水资源危机。缺水，不仅严重威胁着居民的饮水安全和身体健康，而且会对我国工农业生产造成重大的影响。由于用水需求量的不断增长，天津、上海、西安、常州等地长期超采地下水，造成了海水入浸和地面沉降的发生，给人们的生产生活造成了极其不利的影响。在我国广大农村，缺水、停水更是常见的事情，可以毫不夸张地说，水资源紧缺已成为制约我国社会进步和经济发展的"瓶颈"。针对严重的水危机，拯救水资源刻不容缓。

在日常生活中，最直接的方法就是用器皿盛水。许多人习惯开着水龙头洗碗、洗衣，任水流淌，这是极大的浪费。其实，用长流水洗并不比用盆接水洗得干净，但是其流失的水却比用盆洗多10倍。

小贴士▶▶▶

用器皿盛水的时候切忌不要盛得太满，可分几次取用；太满的话会使水外溢，也是一种浪费。

刷牙、洗脸、洗水果、洗蔬菜避免长流水可以节约大量的水资源，坚持用器皿盛水，并且使用完后将水用桶存放，用于拖地、擦车、冲厕所等事情，是一个节约、环保的好习惯。

也许，很多人不在乎水表上多走几个字、多花一些钱，但是我得为自己的生存环境考虑，得为后世子孙的生活考虑，将目前的地球危机做广泛的宣传，让节水、环保深入人心，人们就肯定会在意地球的健康、自身的生存环境。

如果我们的用水量持续增长、地球的环境就会不断恶化，我们的生存环境也将会面临危险的境地。

每个人都应当养成良好的用水习惯，长期坚持下去。并对他人"水是取之不竭，用之不尽"的错误思想及时进行纠正，帮助其树立正确的用水节水理念。同时要对浪费水、污染水的不良行为进行监督，倡导"浪费可耻、节约光荣"的社会风尚，共同为挽救地球的环境出一份力。

第三节 人人使用节能灯

水、空气、食物是人们每日不可或缺的。然而，光也是人们生活中割舍不掉的。自从1879年美国科学家、发明家爱迪生发明了电灯，人类便跨入了新的时代，从此结束了"日落而息"的无奈。电灯方便了我们工作、学习、娱乐，使我们的夜晚生活变得更加丰富多彩。

随着工业的发展、人口的激增，人们对电的需求量也随之猛增，除了传统的煤发电，后来增加了水力发电、风力发电、核能发电等举措，凡所能想到的都用于满足人们日益增长的用电需求。其实，我们完全可以在日常生活中节约用电，减少用电需求，对环境减少污染，节能灯的使用就可以简单地起到电量的缓和。

研究发现，节能灯有普通灯泡相比有以下的特点：

第一，一般钨丝灯所消耗能源的90%都会转化为热能，只有10%会转化为光。而节能灯发光效率高，可节省60%～80%的电力。一只5瓦的节能灯的亮度与25瓦的普通灯泡相同。

第二，节能灯的使用寿命较长。节能灯的使用寿命是白炽灯和碘钨灯寿命的6～8倍，与汞灯、钠灯比较，寿命长2～3倍。

第三，使用节能灯更健康。节能灯显色好，相比普通日光灯的显色性有显

37

绿色生活

著提高。人们在较明亮的光线下学习、工作，能很好地保护眼睛，避免近视。

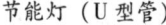

节能灯（U型管）

节能灯（螺旋管）

第四，节能灯结构紧凑、体积小巧、造型美观、使用简便。节能灯正常工作时温升低。比水银汞灯、高压钠灯工作时要低50℃左右。

第五，节能灯更环保、更省电。如果全国13亿人每人更换一只节能灯，则相当于每年节约电力650亿度，远超过三峡水电站一年的发电量。同时，可以节约煤炭2400万吨，节约用水2.6亿吨，每年减排二氧化碳6500万吨，二氧化硫200万吨。除了对环境的有利方面外，使用省电的节能灯可以大大降低电费，节省开支。

综上所述，使用节能灯无论从经济效益，还是环境保护，都优于原来使用的白炽灯、汞灯或高压钠灯。

超级链接

节能灯的选择

电灯的光源在居家环境中发挥着重要的作用，其功率选择是否适当直接关系到照明效果。

首先，应考虑居室空间大小和照明效果的关系。电灯亮度的强弱，会影响人的视觉效果、视力保护和身心健康。人们所需要的柔和、清亮的灯光，有赖于灯罩与电灯的配合。

其次，应考虑居室空间大小与照明光亮度。节能灯功率过大会浪费电能，且易发热，容易引发各类事故；选择功率过小的节能灯，又达不到理想的照明效果。通常，15～20平方米，选择60～80瓦的节能灯；30～40平方米，选择100～150瓦的节能灯；卫生间的照明每平方米需2瓦；餐厅和厨房每平方米需4瓦；书房和客厅每平方米需8瓦；写字台和床头柜的台灯最大不要超过60瓦。

经过将近20年的探索与发展，我国的节能灯产品已经有了很大的进步和提高，许多产品已接近或达到国外先进水平。由于其质量优越价格低廉，在国际市场上的竞争力非常强。但是，市场上还是存在部分防假冒伪劣产品，干扰了绿色节能活动的正常推广。随着居民消费意识的提高，以及对节能灯的进一步认识，真正的节能灯产品的市场在一天天的扩大，这又给我们带来了希望。

由于节能灯的显著功效，加上其自身品质的迅速提高，"中国绿色照明工程"已经把它作为重点发展节能产品（绿色照明产品）进行推广和使用，通过该工程的实施，会减少二氧化硫、氮氧化物、粉尘及二氧化碳的排放量，从根本上改善空气质量，该举措对保护环境、促进可持续发展有着至关重要的作用。

你不必担心节能灯的费用，如今很多地方都在实行一元换购节能灯、免费赠送等活动。节能灯可谓是"省钱又省心"，希望"人人都用节能灯"。

绿色生活

第四节　太阳能路灯点亮街景

　　太阳能是太阳内部或者表面的黑子连续不断的核聚变反应过程产生的能量。人类对太阳能的利用有着悠久的历史。我国早在战国时期，就开始利用聚焦太阳光来点火；利用太阳能来干燥农副产品。太阳能发展到现代，其利用范围日益广泛，如太阳能热水器、太阳能灶、太阳能电池等。如今，太阳能也被运用到了城市风景的路灯上。

太阳能路灯

　　太阳能路灯是一种利用太阳能作为能源的路灯，因其具有不受供电影响，不消耗常规电能，阳光充足就可以就地安装等特点，受到社会的广泛关注。又因其不污染环境，而被称为绿色环保产品。太阳能路灯不但可用于道路、公园、草坪的照明，而且可用于人口分布密度较小，经济不发达、交通不便、缺乏常规燃料但太阳能资源丰富的地区。太阳能路灯对人们的生活带来了极大的便利，因而备受青睐。

　　太阳能路灯的系统工作原理为：白天，太阳能电池板接收太阳辐射，并将其转化为电能输出，然后经过充放电控制器储存在蓄电池中，当照度降低至10勒克司左右、太阳能电池板开路电压为4.5伏左右，充放电控制器侦测到这一信息后，蓄电池就会对灯头放电。蓄电池放电8个小时左右，充放电控制器制动，蓄电池放电结束。其中，充放电控制器的主要作用是保护蓄电池。

太阳能路灯有以下几个方面的特点：

1. 节能、环保。太阳能路灯使用太阳能光伏电池提供电能。太阳能作为一种绿色环保、无污染的新能源，可以说是"取之不竭、用之不尽"。充分利用太阳能资源，对目前能源紧缺的情况有十分重要的缓解作用。

2. 造型美观，安装简单、方便。作为道路景观的太阳能路灯，无须像普通路灯那样进行开沟埋线、铺设电缆等大量的基础工程，它只需要有一个基座固定就行，所有的线路和控制部分均放置于灯架之中，形成一个整体。

3. 高效、稳定、智能化。太阳能路灯故障率极低，所安装的智能化装置，会随着天色的明暗度自行调节，进行照明或是停止照明工作。

4. 运行维护成本低廉。太阳能路灯使用太阳能进行供电，整个系统运行均为自动控制，无须人为干预，几乎不产生维护成本。

超级链接

太阳能发电系统的工作原理：

白天，在太阳光照射下，太阳能电池组件产生一定的电动势，通过组件的串并联形成太阳能电池方阵，使电池方阵电压达到系统输入电压的要求。然后通过充放电控制器对蓄电池进行充电，将电能贮存起来（由光能转换而来的）。夜晚，蓄电池组为逆变器提供输入电，通过逆变器的作用，将直流电转换为交流电，然后输送到配电柜，由配电柜的切换作用进行供电。与此同时，蓄电池组的放电情况由控制器进行控制，以此保证蓄电池的正常使用。另外，光伏电站系统还有限荷保护和防雷装置，以保护系统设备的过负载运行及免遭雷击，维护系统设备的安全使用。

太阳能是可再生能源。它资源丰富，既可免费使用，又无须运输，并且对环境无任何污染。太阳能为人类创造了一种新的生活形态，它使社会及人类进入一个节约能源减少污染的时代。环保和节能是社会可持续发展的保证，太阳能以其环保、节能、无污染的特性，成为21世纪社会可持续发展的必然追求。随着全球常规能源短缺情况的日益加剧，太阳能这种清洁可再生的自然能源的利用将会得到普及。

第五节　26℃生活

在漫长的历史进程中，人类利用科技发明战胜了高温天气下的不舒适，昭示了人类的聪明智慧及坚定决心。人们面对高温表现出的不快、疲惫和沮丧，已经成为历史。2002年，在纪念美国人威利斯·开利博士发明空调100周年的国际会议上，人们一直重复着这样一种说法：假如没有空调，全世界的工作效率会降低40%。但是，这次会议并没有讨论空调自诞生以来耗费了多少能源。

就我国的现状而言，在许多城市，多数大厦、商场、办公楼在夏天过度使用空调，使得室内凉意袭人，有的甚至在20℃以下。由于难以忍受的冰凉，有的购物者只好中途到室外缓解一下；为了抵御寒冷，绝大多数上班族都要多穿衣服。

面对如此局面，2006年，《国务院关于加强节能工作的决定》颁布，规定所有公共建筑内的单位，包括国家机关、社会团体、企事业组织和个体工商

布满空调器的大楼

户，除特定用途外，夏季室内空调温度设置不低于26℃，冬季室内空调温度设置不高于20℃，以节约能源。

据估算，如果我国的空调设施全部调高1℃，则可以节省制冷电耗7%，节电33亿千瓦时，其效果等同于全国普通家用空调都更换成节能空调，可节约能源123万吨标准煤，减排温室气体330万吨。大城市的空调负荷约占盛夏最大供电负荷的40%～50%，将空调的温度从22℃～24℃提高到26℃～28℃，可以降低10%～15%的电力负荷，减少4亿～6亿度以上的耗电量。一台空调机如果夏天温度调高到26℃，运行10小时能节约0.5度电。全国假如有一半空调机将温度调高1℃，一天至少节电2500万度，理论上相当于一天少烧9000吨煤，也就能减排数万吨二氧化碳和二氧化硫。

在世界能源消费排名榜中，中国仅次之美国，排名第二位。依照《京都议定书》相关规定：中国排放二氧化碳等温室气体总量，距离国际标准不会太遥远了，为此我们将空调温度调高一点——26℃，这对于我们其中的任何一位都是可以轻易做到的，这也的确是节能环节链上你我能够身体力行的重要一环。

超级链接

长期在空调房间中会导致汗腺"关闭"，影响正常的代谢和分泌；另外，屋里太"冷"容易导致胃肠运动减弱，再加上夏天人们经常吃冷饮，肠道内外都被"冷"控制着，容易引发呕吐、腹泻。回家后应先洗个温水澡，但要注意水不要过热，以免刺激神经和关节。或者用温热毛巾敷在关节部位，如果能加以适当的运动，比如跑步、做瑜伽，会更好地缓解空调的影响。

绿色生活

概括起来，26℃生活有以下几个方面的益处：

第一，缓解气候的恶化趋势。根据空调制冷的原理，温度每降低1℃所耗费的电量就越大。将空调的温度保持在26℃，如此简单的举措就可以节约电力，降低二氧化硫排放可以减少酸雨，降低二氧化碳排放有助减缓气候变暖、雪线上移、荒漠化扩大，避免物种变异、海平面上升和沿海城市被淹。

第二，人体的平均体温在36℃~37℃，低于体温10℃比较适宜，26℃是人体舒适和节能的"黄金分割点"，是最适合人体健康的温度。医学专家研究认为，空调温度过低不利于人体健康，室内外温差过大，会使人体出现头晕、疲倦等状况，容易引发感冒、呼吸道感染、关节炎、肩周炎等疾病。其实，人在夏天出些汗是有利于健康的，适当地发汗可以增强体内新陈代谢、调节内分泌功能，并加强自身免疫力。

小贴士▶▶▶

　　家里有老人和小孩的，尤其注意不能过长时间地开空调。因为老人和小孩的免疫力相对较弱，容易罹患疾病，所以采用扇子扇风应为首选。

第三，节约开支。家庭空调以制冷量1.5匹（1匹=0.735千瓦）功率为例，夏天平均每日开空调10小时，每天总用电量为10度，一个月下来就可省300度，如果以电价0.5元/度来算，则可省150元。

第四，缓解电力供应紧张。每年夏季的用电高峰期，不少城市夏季用电高峰负荷的1/3以上为空调用电负荷，国家电力部门总是压力极大，有时甚至采取部分地区某时间段内停电的措施来缓解电力紧张的趋势，这样会对这些地区人们的生产生活造成极大的不便。然而，相对于这些地区的人们来说，人走空调照开、商场里面的凉气逼人却在浪费着大量的电能。

全球变暖与气候变化正深刻地影响着世界环境、人类健康和全球经济与社会的可持续发展。让我们从身边做起，从生活的点滴做起，共同享受26℃的健康生活。

第六节 "减卡救树"

每年到了岁末年初，人们为了表达祝福，总会为他人送去贺卡。用贺卡互表祝福本无可非议，但由此带来的不利影响我们不可忽视。一张张贺卡，从制作完成到最后废弃扔掉，其中所消耗的资源、排放的污染物，以及浪费的人力、物力都十分惊人。

据有关统计数据表明，每制作4000张贺卡就相当于砍掉一棵树。如果我国有1亿人送贺卡，每人送2张，就要砍掉5万棵树，即使每张贺卡的购买费只需1元、邮寄费只要1元，其耗资也高达4亿元！这无疑是一种巨大的浪费。

新年贺卡

大量的贺卡吞噬着宝贵的森林资源，砍伐森林就会导致水土流失、洪水泛滥、野生动物灭绝。最终的受害者还是我们人类自己。造纸产生废水则会污染河流湖泊，更不用说印刷贺卡还要消耗油墨和能量，生产油墨和能量又要耗费资源，产生污染……少送一张贺卡拯救不了一棵树，但是如果13亿人每人少送一张贺卡，那该能拯救多少棵树？拯救多少物种？

这些以宝贵的木材资源为原料的贺卡不但给人们带来了经济负担和精

神负担，也给地球带来了生态负担。而贺卡的接收者在节日过后，通常或将其当作废物丢进垃圾桶，或将其遗忘在角落，日后变为废纸卖掉。既然表达祝福的贺卡或早或晚都会被扔掉，那么我们为什么不用其他方式来联络感情、表达心意呢？你可否想过改变这种不必要的社交方式，尝试一种新的时尚？其实打电话、发短信、发电子邮件等都可以达到同样的效果。

"减卡救树"的意义不仅在于希望人们少寄贺卡、多用电子贺卡，更重要的是以此为契机使大家意识到保护树木要从身边的小事做起，更重要的是改变观念，使用网络资源，适应未来的信息社会，提倡可持续发展的生活方式，友好地对待人们赖以生存的环境！保护环境就是保护人类自己生存的空间，希望更多的人少寄或不寄贺卡，代之以其他的方式，表达对亲朋好友的关怀、问候和美好的祝愿。

漂亮的"水果贺卡"

减少贺卡的使用量，保护宝贵的森林资源势在必行。值得一提的是，一场"水果贺卡"的"减卡救树，水果传情"活动正在悄然流行。苹果、香蕉、橙子化身为一个个具有可爱笑脸的圣诞老人、卡通娃娃、时尚的祝福传达者，或被系上祝福的丝带，或被画成笑脸，或者直接在果皮上写下节日祝福。既表达了人们的情意，又环保实用——纸制贺卡看了就扔，水果还可以让人们享受一下美味！

礼尚往来是中国人的传统美德，在过节时更加如此，由此产生的贺卡是对资源的巨大浪费，不如换成更有利用价值、更具新意的礼品，让节过得更有意义。

礼节繁多的日本人近年来也在改变大量赠送贺年卡的习惯。一些大公司登广告声明不再以邮寄贺卡表示问候。我国的大学生组织了"减卡救树"的活动，提倡把买贺卡的钱省下来种树，保护大自然。

令人欣喜的是，随着环保宣传力度的加大，近年来人们的环保意识日益增强，情况大有改观。越来越多的学生选择了通过发送电子贺卡、手机短信或互送水果等形式送出节日的祝福——既经济又环保。让祝福成为一份心意，让环保成为一种习惯，共度节日，共度环保的每一天！

超级链接

早在 2002 年 9 月 10 日教师节时，环保学生袁日涉就通知了全国 9 个城市的一张纸小队，号召大家都行动起来。袁日涉代表全国 9 个城市的一张纸小队和 100 万参加双面用纸的小学生向全国 1 亿小学生和全国人民发出倡议：行动起来，做环保贺卡，向不环保的行为宣战。

他们用废纸制作贺卡，加之个人的精心设计，不但环保，还体现了同学们的设计水平，赢得了老师和同学的高度赞赏。

"减卡救树"不应仅限于一张小小的贺卡，更应该成为我们对现有生活方式和消费行为反思的一个开始。为了人类共同的家园，为了造福下一代，请自觉参与到"减卡救树"的行动中来吧！

第七节　节粮新时尚

随着新科技的广泛应用，粮食产量的大幅提高，人们生活水平发生了巨大的变化，但是并不是有饭吃就可以肆意浪费粮食。在如今的

47

餐桌上，我们随处可见被咬了一两口就丢弃的馒头、包子，绿油油的蔬菜，碗里被剩下的大半碗米饭，甚至排骨、鸡腿等也难逃被遗弃的命运。

根据有关专家的调查发现，1/4以上的食品都是被扔掉的。甚至有报道说，某地中秋节因为食品过期而扔掉的月饼，可以堆满一个篮球场。扩展到全国、全世界，每天浪费掉的食物更是让人触目惊心。

我国有1.3亿多公顷耕地，耕地面积占世界耕地面积的7%。由于我国人口众多，人均耕地不及世界人均值的47%，据有关资料显示，我国东部600多个县（区）人均耕地面积都低于联合国粮农组织确定的0.05公顷的警戒线。从2000年开始，国内粮食一直处于供不应求的状态，2003年的粮食缺口最高达6000多万吨。近年来，我国已悄然进入了国际粮食净进口国的行列，小麦、大豆等粮食进口量大增，2004～2006年，平均年净进口粮食2400多万吨。尽管我国当前还未出现粮食全面短缺的问题，但从中长期来看，我们必须高度重视保持和提高粮食生产能力，切实保护好耕地，改善农业生产条件，更必要的是全社会要行动起来，广泛参与、共同开展节约粮食行动。

据有关专家研究认为，如果全国平均每人节约1千克粮食（以水稻为例），就可以少消耗约24.1万吨标准煤，减排约61.2万吨二氧化碳。如果全国平均每人少浪费1千克畜产品（以猪肉为例），就可以少消耗约70.6万吨标准煤，减排182万吨二氧化碳。

节粮不仅是节约粮食储量，节粮也是节约有限的耕地。

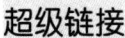

超级链接

生活中，许多剩饭再用水温热的话可能不太方便，在此有以下的小窍门可供参考：

剩米饭做炒米饭。

剩饺子做油炸饺子。

剩面条做炒面条。

剩馒头做炸馒头片。

剩糖西红柿做西红柿炒蛋。

节约粮食可以从以下几个方面入手：

一、珍惜粮食。

吃多少盛多少，饭吃干净，不在碗里留有剩饭，因为"粒粒皆辛苦"。实在吃不下的不能倒掉，可以放到冰箱里，下顿吃。家长更要为孩子做好启蒙、做好榜样，不随便倒剩饭剩菜，努力培养孩子不挑食、不偏食的生活习惯，让孩子从小树立节约粮食的思想。

二、平时做饭要适量。

做饭时应考虑人数的多少、饥饿程度等因素，进行合理的膳食准备，尽量不要做得太多，做太多吃不了的话还得用器皿盛放到冰箱里，这样既费电又会影响下顿的正常食谱安排。此外，有些食物不宜存放，有的则很难逃脱当场被倒掉的厄运。

三、餐馆就餐点菜应适量。

如今到餐馆就餐已成为常事，无论是谈公事、朋友聚会、过生日、庆祝节日，越来越多的人都将这一顿紧要的饭移转到了餐厅。在餐厅就餐不用大张旗鼓地费力费时进行预备，只需动动脑子点一下自己和别人喜欢吃

49

的就行。中国人历来好客，生怕菜点得少了不够吃大伤面子，其实远不必这么想，可以根据大家的食量，随时加菜。要是最后有剩余，应打包带走。打包时最好用自备的餐盒，不用饭店的一次性餐盒，这样可以避免二次浪费。其实，只要适量点菜就可以避免浪费问题，省去打包也节省了钞票。有调查数据表明，我国普通餐馆一桌饭菜一般至少会剩下10%甚至更多，一家餐馆平均每天至少要倒掉50千克剩饭菜，依据统计，我国一年在餐桌上的浪费就高达600亿元。

四、积极监督身边的亲人和朋友，及时制止浪费粮食的行为。

自己一个人做到节约粮食还不够，我们应在生活中时时留意，监督身边的人，对他们浪费粮食的不良习惯及时进行纠正，帮助其树立正确的节粮意识，

> **小贴士▶▶▶**
>
> 父母节粮对孩子可以起到很好的表率作用，孩子从小就可以养成勤俭节约的好习惯，这在无形中就减轻了以后对大手大脚的孩子的教导。

从而使更多的人加入到节粮的队伍中来，共同为社会的发展贡献自己的力量。

如今，节粮已成为新的时尚。"浪费可耻，节粮光荣"的理念越来越深入人心。让我们把中华民族优良的勤俭节约的传统也发挥到日常的节粮上来，努力奋斗，共创美好的未来。

第八节　选用大瓶、大包装

如今，食品、日用品等的包装可谓是异彩纷呈、花样别出。随着我国经济的高速发展以及人民生活质量的提高，就食品而言，人们对微波食品、休

闲食品、冷冻食品等方便食品的需求量也不断增加。就日用品而言，卫生纸、洗衣液等小包装已不适合人们的日常需求。不必要的包装会造成材料的浪费、环境的污染、人们消费的提高。针对目前世界面临的环境问题，考虑到人类的生存与发展，号召消费者选用大瓶、大包装以减少材料，倡导环保理念势在必行。大瓶、大包装对于小包装而言，有以下的特点：

第一，可以省去很多塑胶包装材料。包装材料取自现有的资源，既包括金属、塑料、纸、玻璃、竹、化学纤维、天然纤维、复合材料等主要包装材料，又包括涂料、黏合剂、捆扎带、印刷材料等辅助材料。运用大包装进行包装时，很多不需要的独立包

厂房堆积的大量的包装材料

装层面可以合并、省去，最大限度地减少对包装材料的需求量。

第二，节约开支。许多大瓶、大包装相较小瓶、小包装而言价格更优惠，其平均单价比小包装更便宜。所以，购物时应该从经济、实惠的角度出发，选用大瓶、大包装是比较划算的。

第三，可以减少垃圾的排放量。小包装物品在使用的时候，许多外表包装的积累形成了大量的垃圾，加之许多不可降解材料的加入会对环境造成极大的伤害。

第四，节约时间、减少购物次数。许多消费品，如盐、糖、油、卫生纸、洗衣液等常用的日用品消费量大，小瓶、小包装维持不了多长时间，所以会在很大程度上增加人们的购物次数，浪费时间。

绿色生活

考虑到"可持续发展"已成为许多公司的首要发展目标。2009 年 4 月，宝洁（中国）与沃尔玛联合宣布继续推进共同的"可持续发展"计划，正式启动第二期消费者主题宣传活动——推广使用大包装。并通过环保爱心人士自身的影响力倡导环保生活理念，号召消费者参与到公益活动中。基于对我国造林绿化和环境保护问题的高度关注，宝洁与沃尔玛双方希望通过绿色消费行为，使消费者进一步参与到公益植树活动中。

全方位、多渠道地将倡导有利于可持续发展的消费实践、植树造林和保护环境的美好理念传递给每一位消费者，"支持可持续发展能确保我们和后代每个人享有更高的生活质量"，共建绿色家园。

通过社会的广泛宣传，人们环保意识的日益提高，更多的消费者参与到"使用大瓶、大包装，减少包装材料"这一有利于可持续发展的消费实践中，共同营造绿色生活。

第三章

生活新主张　绿色全方位

不言而喻，没有人愿意生活在被污染的环境中。随着新世纪的来临，人们的环保意识逐渐增强，对自身健康越来越重视。人们在饮食方面的重视由来已久，如今，越来越多的人开始将目光投入到家居领域。人们在装修材料的选择、住宅的设计、高品质的居住环境等方面都有了新的追求，都在着眼于自身健康的基础上追求绿色生活。当然，在新科技、新理念的帮助下，人们的许多努力也显出成效。

只要我们有一点保护环境的意识，养成一种绿色生活方式，生态环境恶化的局面就可以得到遏制，我们的生存环境就可以得到极大的改善。世界是绿色的，作为生活在地球上最有智慧的人类，理当具有全方位的绿色的生活方式。绿色住宅、绿色生活为的是人类的健康，也为的是人与自然的和谐。

第一节　尽量使用自然光

阳光是人类赖以生存的自然元素之一。在一般场合下，人的眼睛最适应自然光，而且自然光的显色性是所有光源中最好的。

在自然光充足的情况下，应优先使用自然光。使用自然光不但可减少人工照明，节约用电，而且对人们的身心健康有益。白天拉起窗帘开着灯既是对资源的浪费，又会对人的健康造成危害。如果屋内灯光亮度不够，在这样的环境下看书学习，则会对眼睛造成伤害，久而久之，会发展为近视。

自然光作为一种最重要的自然元素，在丰富和创新建筑内部空间方面

起到了举足轻重的作用。随着世界能源的日益枯竭，节约意识也越来越深入人心。如今，建筑师进行建筑设计时都将利用自然光作为房屋建造的首要考虑因素。其中比较著名的是德国的建筑设计。正如德国人所说，从建筑风格出发，这种透

家居设计尽可能地使用自然光

明建筑是那样的匠心独具；从人的心情出发，人们在明亮的房屋内工作、生活又是那样舒畅。当然，它还具备了一个重要功能——节约用电。

德国是世界上公认的节约型国家之一，凡事讲究节约早已成为德国人的风尚。在节省照明用电上，他们的第一理念是"尽量利用自然光"。在建筑上，由于德国气候适宜，夏天不用空调，因而建筑物大量使用玻璃结构，这样的模式使得室内光线充足，减少了人们的用电量。

德国的现代建筑风格

为了延长人们对自然光的使用，"夏时制"成为德国人生活中的一部分。1916 年，德国成为世界上最早实行夏时制的国家。每年的 4 月~10 月，德国实行夏时制，全国提前一小时。这样，人们在下班后仍然可以享受一段时间的阳光。由于人们的户外活动得到增加，在家用电照明的时间也就相应减少了。从某种程度上来说，节电就是改善环境质量，就是减少煤和天然气等资源的消耗。

55

绿色生活

针对德国的建筑设计理念，世界上许多国家都进行了合理的利用与改进。许多国家都对玻璃墙、明亮的玻璃顶棚等部分进行了更广泛的应用。

随着科学技术的飞速发展，依靠消耗大量不可再生能源来维持的建筑物内的环境，不仅不能给人带来真正舒适、健康的生活，而且造成了生存环境的日益破坏。在"可持续发展"为建筑界所关注的今天，利用自然光达到绿色环保的目的为人们所推崇。

除了建筑物本身的设计外，人们还应该养成尽量使用自然光的习惯，如，根据室外的明亮度及时选择屋内照明的开关，不应上班时间一直开着灯、没人的屋子也亮着灯，关注生活的点滴，才能更好地享受绿色生活的真谛。

第二节　多通风、常开窗

人们绝大多数时间是待在屋内的，因此室内空气的是否清新、有害气体含量的多少，对人体健康是至关重要的。清新的空气可以使人神清气爽、思维活跃，提高工作和学习效率，舒心地度过美好的一天。

据相关资料研究表明，由于绝大多数家庭都经过装修，装修材料和家具里含有的有毒物质短时间内不会挥发干净。关窗后，这些气体会在室内慢慢积累。如果长期紧闭门窗，室内有毒气体会越积越多，居民可能会出现皮肤瘙痒、持续感冒、经常咳嗽、咽喉不适等症状，严重的可能会导致慢性疾病的发生。尤其是冬季，不少居民为御寒，家中不再天天开窗透气。尽管关窗能保持室内的温度，但沙发、家具等释放的有害气体也会聚

在室内，尤其是新装修的居民家尤应注意。所以说，即使在温度较低的冬天，居民也应注意开窗换气，最大限度地避免因毒气积累而给人体，尤其是儿童和老人的身体健康带来的伤害。

清新的空气是人体健康的依托，生活中应该养成良好的习惯，我们可以从下面几个方面进行改变：

第一，常开窗，多通风。晚上冷气凉，人们经常会关窗休息。经过一晚上的闷居，室内的二氧化碳含量极高，过于沉闷的空气会使人感到头晕、乏力、恶心，所以早上醒来的第一件事应该是开窗通风换气。实验证明，室内每换一次气，

开窗通风好处多

就可除去室内空气中60%的有害气体。上午气温逐渐升高，空气质量也较好，是开窗通风的好时机。此外，还应在午睡后和晚上睡前开窗通风。

第二，空调室要经常开窗换气。尤其在夏天，炎热的天气使人经常蜗居在空调室内，长时间开空调，屋内的空气得不到有效的交换，时间久了会使人感觉头晕头痛、记忆力减退。

第三，用餐后及时开窗通风。一顿美餐过后应及时开窗散味，不要让饭味充溢满屋，这样如果不能及时排放出去，经过一晚的闷发，有时的味道会让人窒息。许多饭食，如韭菜、洋葱、大蒜、榴莲等气味是很难去除的，只有经过彻底的通风换气才能达到良好的效果。

第四，垃圾应及时进行清理。水果皮、蔬菜根蒂及坏掉的食物等不能长期堆放，否则会滋生大量的细菌和病毒，同时会散发出腐臭味，人们呼

绿色生活

吸后会对健康造成很大的伤害，轻者头晕，重者罹患其他疾病。

生活中，还有许多人借用于空气清新剂来改变室内的空气，更有甚者以为空气清新剂能够消除甲醛等有害气体，很多市民都喜欢把空气清新剂作为消除家里异味或者清新空气的"宝贝"。不少市民认为，只要一用空气清新剂，家里的空气就干净了。

实际上，空气清新剂大多是化学合成制剂，并不能净化空气，它的作用是

通过散发香气混淆人的嗅觉来"淡化"异味，遮盖有异味的有害气体，并不能清除有异味的气体，也不能将其吸附或分解。所谓的感觉空气清新只是一种假象而已。还有一些空气清新剂，因为产品质量低劣，还会成为新的空气污染源。其含有的杂质成分散发到空气中，对人体健康的危害更大。这些物质会引起人体呼吸系统或神经系统中毒，以及引发急性不良反应，会产生头晕、头痛、喉头发痒、眼睛刺痛等。

如果遇到必须使用空气清新剂的情况，则不要在有哮喘病人、婴幼儿、过敏体质者在家时使用。对于厕所的除臭，不能完全依赖于空气清新剂，只要每天打扫干净，及时通风换气即可消除异味。

所以，要想让家里保持空气清新、舒适宜人，常开窗勤通风是最好的办法。

第三节　选用绿色设计

随着意识形态的不断提升，人们越来越关注自身的健康，从饮食到穿衣，从出行到运动，都无一不引起人们的极度关注。当然，其中最重要的起居，人们也进行了更多的思考——时下流行的绿色装修设计激起了一股大浪潮。

绿色设计是坚持以人为本，在环保和生态平衡的基础上，追求高品质生存、生活空间的活动。绿色设计是进行绿色装修的前提条件。要保证装修后的生活空间不受污染，在使用过程中不对人体伤害，不对外界造成污染（这里所说的污染是指空气污染、视觉污染、噪声污染、饮水污染、排放污染等）。

厨房的绿色设计

简言之，绿色装修设计应符合下列标准：健康、环保、美化、舒适。

首先，室内装修设计应力求简洁、实用。尽可能地选用节能环保型材料，以保证装修后的空气质量。忌用华而不实，既浪费资源，又会对日常生活造成影响的设计。特别应该注意室内的环境因素。比如，厨房要合理搭配高性能的抽油烟机，充分考虑室内空间的通风量，提高空气质量等。

其次，装修设计时，要考虑到资源的综合利用和节能问题。在坚持舒适美观的前提下，尽量选用节能型材料。随着环境的恶化、资源的日益短缺，我们有义务在装修设计时保护环境和资源，尽量降低装修过程中及装修后的能源消耗量。

绿色生活

再次，装修设计时，应特别注意室内环境因素的综合考虑，合理搭配装修材料，尽可能做到舒适、自然。在施工工艺和施工质量上，尽量选用无毒、少污染的施工工艺，降低施工中粉尘、噪声、废气、废水对环境的污染和破坏。

最后，切忌照搬其他设计进行装修，应根据室内面积的大小、室内的基本格局、个人的生活习惯等方面的因素进行合理的设计。

超级链接

装修材料选择不当，会对人们的身体健康造成危害。室内环境污染的表现有：

◎有刺鼻、刺眼等刺激性异味。

◎清晨起床时感到憋闷、头晕、恶心。

◎经常感到嗓子不舒服，有异物，呼吸不畅。

◎室内植物不易存活，叶子容易发黄、枯萎。

◎孩子经常咳嗽、打喷嚏，免疫力下降。

◎家人经常患感冒。

◎家人常有皮肤过敏等毛病。

◎新搬家后，家中的宠物狗、猫莫名其妙地死掉。

值得一提的是，切忌"先装修，后治理"。许多人在进行装修设计时盲目追求快速、尽力避免受累，不愿做深入的分析和详细的考察，然而在装修完成后却开始考虑污染问题的解决方案、设计不合理处的改进方法。一般来说，事后采取补救措施往往达不

舒适的家居环境

到好的效果，而且会造成额外的花销。

绿色装修的目的是要营造一个绿色舒适的室内环境。绿色的室内环境主要是指既有助于居住者身体健康，又不对环境造成损害的室内环境。简朴、适度的绿色生活是一种生活的乐趣，你会享受到回归大自然的惬意。

第四节　选用绿色家具

家具是人们生活的必需品，是健康家居的亲密伴侣，其外形、质地、气味、舒适度直接影响着人们的生活享受。

受利益的驱使，许多甲醛等有害物质含量超标的家具产品仍在市场上销售。这些家具流入家庭后，轻者使人感到头晕、恶心，产生呼吸道不适等症状；重者会引起其他并发症，或导致罹患其他严重疾病。

在国外，欧洲和美国对家具产品有严格的环保标准。例如，每100克家具原料中所含的有毒物质不得超过0.01克。而我国，要求每100克人造板所含有毒物质的范围是20～40毫克——这是唯一的控制标准，是1992年由中国人造板技术委员会制定的。

有关专家指出，除了有害物质超标对人体健康会造成不良的影响外，家具的不合理设计也会影响人们的身心健康。因此，人们对家具的选择越来越谨慎。如今，绿色家具已进入人们的生活。

绿色家具

那么，什么是真正的绿色家具呢？概括起来，绿色家具应具备以下几个特点：

1. 家具的选料倾向于自然。自然材质本身不含有毒有害物质，即使少量含有也是极低的。它不会像人造家具那样，在生产过程中添加过大量的化学药剂，长期散发不完。尤其在炎热的夏天，甲醛等有害物质更是会挥发出大量刺鼻的气味，在有空调的屋里久久难以散去。长期处于如此的境地中，其对人体健康造成的伤害可想而知。

2. 家具的颜色极为合适。家具的颜色选择以不刺激人的视觉为原则，这样长时间看上去眼睛不疲劳。某些颜色过于艳丽的家具起初可能会给人新鲜感，久而久之，其不舒适的感觉会逐渐显现出来。家具的频繁置换也会对资源造成浪费，从而污染环境。

3. 家具设计制造过程中尽可能地延长产品的寿命，让其更耐用，并减少再加工过程中的能耗。如果经济条件允许的话，自然典雅的实木家具是不错的选择。实木家具可以看到木材的天然花纹。

实木家具分为两种：一种是纯实木家具。即家具的所有用材都是实木，不使用任何形式的人造板。纯实木家具对工艺及材质要求很高，实木的选材、烘干、拼缝等工序要求都很严格。如果哪一道工序把关不严，小则会出现开裂现象，大则会使家具变形，无法使用。另一种是仿实木家具。即从外观上看纹理、色泽都和实木家具一样，但实际上是实木和人造板混用的家具，即侧面、搁板等部件用薄木贴面的刨花板或中密度板纤维板，门和抽屉则采用实木。这种工艺节约了木材，也降低了成本。

此外，藤制、竹制家具也是不错的选择。如藤制沙发、藤制摇椅、藤制小桌、藤制鞋架等，以及竹衣柜、竹床、竹椅、竹凳、竹桌等，都为人们的现代生活带来了美的享受。

藤制沙发

4. 家具的设计符合人体工程学。即家具的高度、宽度满足人们的需要，符合人体形态。家具不但重视人体在静态下的状况，而且会兼顾人体在动态下的状况。这些家具考虑其尺寸大小对人体健康的影响。如桌椅的高度为人坐定时可以保持两个垂直：当两只脚放在地上时，大腿与小腿基本垂直；当胳膊自然放于桌上时，大臂与小臂基本垂直。这样的桌椅高度可以使人保持正确的坐姿和良好的书写姿势。并且，写字台的下面空间不宜过小，过于小会不利于人们腿部的舒展，长期端坐会影响健康。

5. 家具的安全性能高。无论是小凳子还是大家具都应具备这几个方面的性能：①稳定。家具摆放在家中，无论是经常使用的还是作装饰的，稳定性能都应达标，摇摇晃晃的家具使用起来容易发生危险。②结实。切忌外表看起来结实，实则某些部位中空的家具，这样会造成的塌陷、断裂，对人造成伤害。③无尖角、利边。如果所选用的家具带尖角利边，这在生活中会对人们的使用造成不便，而且这些部位会使人受伤，或者发生更严重的后果。④使用方便。家具每一部分的部件都应经过妥善装配，螺丝上紧、无漏上的，开关、把手、锁等都应方便使用。

只有具备以上特点的家具才是绿色家居、放心家具，人们在生活中才能用得舒心，开开心心地度过每一天。

绿色生活

超级链接

无论什么样的家具保养都很重要，正确的保养可以延长家具的使用寿命，而且可以用得舒心。

木质家具：远离热源和空调风口，防止热胀冷缩。避开直射的阳光，必要时用窗帘遮挡。家具上不小心洒到水要及时进行清理，并使见水部分尽快干爽，否则，轻则会伤害家具的美观，重则会使家具发生变形。

布艺沙发：防止灰尘遗留在纤维里。应经常使用吸尘器或刷子除去沙发上的灰尘，及时清除污渍。也可以考虑做一个布罩对其进行保护。

皮质沙发：勤用抹布擦拭表面，及时除去沙发上面的灰尘和污渍。并定期进行保养，防止皲裂。

另外，注意勤通风，尽量保持室内干燥，避免空气污浊、地面潮湿等因素导致家具发霉、变形。

第五节　选用保温的外墙

日常生活中，外墙的保温性能直接关系到室内的温度。外墙的保温性能不好，室外的寒冷和炎热就会很容易侵入，而室内的热量也会很快流失，由此会造成大量的能源损失。

为缓解能源紧缺的压力，欧美等发达国家30多年前就开始注重建筑节能。通行的做法是给建筑物穿上"保温外套"。我国建筑能耗高于发达国家数倍，主要表现在建筑物保温状况上的差距。这种差距最直接的后果

是：冬天暖气怎么烧都不热，夏天空调一刻都不能停，人们为采暖和制冷付出采暖费、电费居高不下。

外墙墙面作为建筑物的外表层，需要经受外界气候的影响，如冷、热、雨、风等。雨水的浇淋、温度的变化、环境污染等持续不断地作用于外墙面，会使外墙面产生裂缝，产生霉菌，建筑物本身受到损坏，居住者的身体健康受到影响。相对于高昂的建筑物维修费用，外墙外保温体系的价值远远高于其自身成本。它把建筑物外表"包裹"保护起来，在满足建筑物的保温性能的同时，又延长了建筑物的寿命。外墙保温技术按保温层所在的位置分为外墙内保温、混合保温、外墙外保温三大类。

一、外墙内保温

外墙内保温技术是在外墙结构的内部加保温层，常用的内保温主要有三种做法：

1. 内贴预制保温板，包括增强水泥类、增强石膏类、聚合物砂浆类板材。

2. 内贴增强粉刷石膏聚苯板，即在墙上粘贴聚苯板，用粉刷石膏做面层，面层厚度 8～10 毫米，用玻纤网格布增强。

3. 内抹胶粉聚苯颗粒保温浆料，即在基层墙体上经界面处理后直接抹聚苯颗粒保温浆料，再做抗裂砂浆面层，用玻纤网格布增强。

外墙内保温施工简便，造价较低，但存在以下问题：难以避免热（冷）桥，使保温性能有所降低，在热桥部位的外墙内表面容易产生结露、潮湿，甚至霉变现象；保温层做在室内，会占用室内空间，而且二次装修或增设吊挂设施都会对保温层造成破坏；不利于建筑外围护结构的保护；保温层及墙体会经常出现裂缝。

二、外墙混合保温

外墙混合保温技术是将保温材料置于外墙的内、外侧墙片之间，内、外侧墙片均可采用传统的黏土砖、混凝土空心砌块等。

这种保温形式的优点为：

1. 防水、耐候等性能均良好，对内侧墙片和保温材料形成有效的保护。

2. 对保温材料的选材要求不高，许多材料均可使用。

3. 对施工季节和施工条件的要求不高。

外墙混合保温在内、外侧墙片之间需有连接件连接，构造较传统墙体复杂，抗震性能差，建筑中圈梁和构造柱的设置尚有热（冷）桥存在，保温材料的性能得不到充分发挥。

三、外墙外保温

外墙外保温技术是将保温层安装在外墙外表面，由保温层、保护层和固定材料构成。与内保温及混合保温相比，具有以下优点：

1. 热性能高，保温效果好，综合投资低。

2. 适用范围广，不仅适用于新建工程，也适用于旧楼改造。

3. 保温层包在主体结构的外侧，能够保护主体结构，延长建筑物的寿命。

4. 基本消除热（冷）桥的影响，同时消除结露和霉变现象，提高了居住的舒适度。

由于外墙内保温和外墙混合保温的设计存在缺陷，且难以解决，建议谨慎采用。相较而言，外墙外保温优点甚多，并按照逐层渐变，柔性释放应力的原则，选择材料及施工方法，以达到保温、抗裂的目的。外墙外保

温是目前大力推广的一种建筑保温节能技术，将成为墙体保温的主要形式。由于外保温使建筑结构处于保温层的保护中，使建筑结构所处温度环境稳定，有利于建筑结构的保护，增强耐久性。另外，外保温将建筑在外面包裹，保温的面积大，更有利于保温节能。

外墙外保温体系是新建筑最好的外墙防护体系，也是老建筑物最好的维修体系。在围护结构单薄、保温不足的建筑中，虽然依靠采暖设备多供热量，也能保持所需的室内温度，但是，采暖供热量必须大大增加。此外，保温不足的围护结

外墙外保温施工现场

构，还易受室外低温环境的影响，从而导致内表面温度过低，引起长霉、室内潮湿，使室内环境恶化。从保证室内适当的热环境、降低建筑物热损失的方面出发，新建筑物都需要加强保温。对老建筑物进行节能改造时，若采用外墙外保温系统会更经济、迅速、方便、高效。它不需住户搬迁，可节省大量的人力物力，同时又避免了二次装修对保温层的破坏，使老建筑物焕然一新，美化城市环境。

要发展建筑节能，必须要采用保温隔热性能良好的墙体材料，以加强保温隔热性能。外墙保温是指采用一定的固定方式（黏结、喷涂、机械锚固、浇注等），把保温隔热效果较好的绝热材料与建筑物墙体固定为一体，增加墙体的平均热阻值，从而达到保温或隔热效果的一种工程做法。若在墙体外部做一层保温层，不但可以保护主体结构，延长建筑物的寿命，而且能消除建筑物局部的"热桥"影响，提高墙体的防水功能，改善墙体潮

67

绿色生活

湿状况，节省采暖能耗、降低空调费用，避免外墙面层裂缝。具有保温、防潮性能的外墙，好比给房子穿上了厚厚的衣服，可以有效阻挡冬日的寒冷和夏日的炎热。

在建筑节能技术中，外墙节能是一个最重要的环节，开发和利用外墙保温技术是实现建筑节能的主要途径。建筑节能是贯彻国民经济可持续发展战略的重要组成部分，是执行国家环境保护和节约能源政策的主要内容。近几年，在建设部及地方政府出台的一系列节能政策、法规、标准和强制性条文的指导下，我国住宅建设的节能工作不断深入，节能标准不断提高，人们的生活逐渐迈入新的层面。

第六节　安装节能门窗

门窗被称为建筑的"眼睛"，是建筑的重要组成部分。研究发现，目前在我国建筑能耗的各类能耗中，门窗损失的能量约为50%。因此，建筑节能首先应从门窗节能做起。

一般的购房者买房子时，往往只注重户型、楼层、环境等要素，而忽视了房屋重要的部件——门窗。在采暖住宅中，通过门窗的传导，热损失与空气渗透约占全部热损失的1/2。因此，门窗的保温和密闭性能对能耗关系巨大。一般来说，玻璃幕墙传导快，

节能门窗

会造成夏天增温、冬天加冷的效果。如果有一款集采光、通风、遮阳、节

能、环保等多功能于一体的门窗，那将会使热损失减少一半。

我国幅员广阔，地理气候环境差异很大。北方严寒地区，低温天气时间长，建筑能耗中采暖耗能大，外窗的保温是关键，因而该地区节能窗的重点是保温性能；南方炎热天气多，制冷时间长，因而该地区节能窗遮阳减少太阳辐射得热是关键；而中部大多为夏热冬暖地区，采暖期与制冷期相对均衡，因而节能窗既要考虑冬季的保温，又要兼顾夏季的隔热。保暖和隔热都是阻止热量传递的方式，也是门窗节能的关键指标，但两者有着很大的差别。保温是指外窗在冬季温差较大（一般为大于10℃）的条件下，阻止室内向室外的温差传热；隔热是指外窗在夏季隔离太阳辐射得热和阻止室外向室内的温差（一般为小于10℃）传热，其中太阳辐射得热远大于因温差而产生的得热。

从气候条件对建筑门窗节能的不同要求来看，节能窗可分为三种：保温型的节能窗、隔热型的节能窗、兼顾保温与隔热的保温隔热型的节能窗。以深圳为例，深圳属亚热带季风海洋性气候，是典型的夏热冬暖地区。夏热时间长，近半年的时间温度超过25℃，冬季大部分时间气温在10℃以上，基本不用采暖。同时，由于受海洋影响，白天风大，夜间风速低。因此，深圳应选用隔热型的节能门窗。

通常情况下，通过建筑外窗的热量，玻璃得热是第一位，其次是窗户缝隙空气渗透传热，窗框所传热量占最少。因此，提高窗的节能特性首先应从玻璃着手，其次是窗的密封性与窗框的问题。具体分析如下：选用隔热型的建筑玻璃。假如仅选用普通的中空玻璃，仅就隔热来讲其效果还不如单层热反射镀膜玻璃。采用中空玻璃不仅把热浪、寒潮挡在外面，还能隔绝噪声，大大降低建筑保温所需的能耗。它已经被欧美国家所普遍采用。

绿色生活

提高外窗的密封性能，应选用好的窗型、门窗配件等。如平开窗气密性相对较好，选用推拉窗应注重选用密封效果较好的产品。提高窗框的隔热性能。一方面减少窗框的外露面积，另一方面选用合适的材料和浅色的窗框材料。铝合金型材对紫外线、可见光、红外线有很好的反射能力，其表面的反射能力与表面状态和颜色对于阻隔太阳辐射热是很有利的。PVC塑料窗和塑钢窗，其材质特性有利于隔热，但其强度、耐久性、防火及防雷等都不及铝合金材料，因而并不是深圳地区节能型外窗的理想产品。

另外，选择合适的建筑开窗朝向，增加外窗的遮阳是减少开窗得热的最直接有效的手段。而且充分利用自然通风来散热是不应忽视的节能手段。因此在建筑设计时，需做好自然通风设计方面的考虑，开窗的选择也应有利于自然风的实现。建筑节能的主要目的是在降低能耗的同时获得高的舒适度。

舒适度与门窗有关的另两个方面，一是噪音，另一个是视野。这就要求我们在选用外窗时考虑这两个方面的因素。为了隔热而采取的遮阳措施可能会同时遮挡视线，形成视觉上的不舒适；选用中空玻璃则有利于降低噪音，增加室内舒适度，这是既节能又舒适的选择。深圳属于沿海台风地区，外窗的抗风压性能与水密性能均有相对较高的要求，这是外窗的安全性与可靠性的基本要求，也是外窗节能特性的最基本保证。假如没有了安全可靠性，再好的节能窗也没有意义。

在奥运村建设过程中，采用了大量高性能的隔热断桥铝门窗系统。这类节能门窗系统采用欧洲标准槽口设计及稳定的结构，具有极好的隔热保温、隔声、水密、气密、抗风压等性能。

铝合金节能提升推拉门系统凭借其独特的节能优势，在奥运村项目中

得到广泛应用。这种门有效地解决了传统推拉门的密封性问题，可以将节能效果提高50％以上。其中的奥秘就在以下几点。

断桥隔热铝门窗

第一，提升推拉五金系统主要由执手、传动器、滑轮组成，这些部件对整个提升推拉门系统有着举足轻重的作用，即通过执手的180°旋动来控制整个门窗系统的提起和下降，进而控制门窗的关闭和开启。

第二，提升推拉门系统的密封节能性比普通门窗优良很多。当门关闭时，其上部的密封条与上导轨紧密贴合，下部门扇紧紧压在下框上，门扇侧面传动器与门框多锁点紧密锁闭，两扇门之间采用了挂钩结构和密封条，这样就形成了一种"四面密封"的门系统，从而起到极佳的密封效果，同时还具有抗风压性、隔音性、水密性、保温性、防盗性等特点。

第三，由于在推拉过程中上部及下部密封条都与型材或轨道间无摩擦，操作轻便，推拉顺滑，因此使用寿命更长。

被誉为"中国第一节能村"的奥运村选用的节能门窗是保证奥运村建筑节能的重要途径之一，其为运动员创造了健康、舒适的环境，赢得了广泛的赞誉。

能源的过度消耗已成为全球关注的问题之一，我国开展建筑门窗节能性能标志工作有极其重大的意义。我国每年竣工的建筑面积约为20亿平方米，建筑能耗约占总能耗的30％，其中门窗能耗约占建筑能耗的30％～40％，因此建筑节能是贯彻我国节能政策的重要组成部分。随着国家节能法规与建筑节能标准的出台，门窗节能引起了广泛的关注。

绿色生活

第七节　地热供暖好处多

　　地球是一个巨大的地热库，仅地下 10 千米厚的一层，储热量就达 1.05×10^{26} 焦耳，相当于 9.95×10^{15} 标准煤所释放的热量。地热采暖在世界很多地区应用相当广泛。地热供暖是以低温热水为热媒，通过埋设于地面表层下的地热专用管材把地面加热，均匀地向室内辐射热量，对房间热微气候进行调节的采暖方式。这种采暖技术产生于 20 世纪 30 年代，70 年代在美、韩、日以及欧洲各国迅速发展，80 年代得到广泛普及。20 世纪 90 年代，

新西兰的地热发电站

地热采暖技术引入我国。

　　以北京为例，北京地热资源丰富，但长期以来，煤炭一直占据着主导地位，以煤为主的能源结构是造成大气严重污染的根源之一。北京的地热利用已有数百年的历史，但主要用在工业、养殖、种植、医疗、洗浴等方面，地热供暖应用较少。20 世纪 90 年代以后，采用地热供暖初见端倪，但利用形式的主要特点为直供直排、系统简单、尾水排放温度高、供暖面积小、地热资源利用率低。

　　因此，如何提高地热资源的利用率，降低排放温度是地热利用中急需解决的问题。水源热泵的梯级利用技术有效地解决了上述问题。

　　在本设计中，地热利用的指导思想是：实现地热资源的梯级利用，最大限度地利用已有的地热资源；尽量减少辅助调峰加热量；利用热泵机

组，充分利用45℃以下温度段的低品位热量，合理降低尾水排放温度；在确保系统稳定性的前提下，尽可能采用量调节，以降低输配电耗。地热资源的利用原则是取热不取水，否则，如果地热水长期不能回灌到地下，一方面，会造成水资源缺乏、地面沉降；另一方面，地热不能及时得到补充，出水温度会降低，供热质量会下降。同时回灌的温度也值得注意，如果尾水温度过高，会造成地热资源不能充分利用；温度过低，不利于地热资源的恢复。因此，回灌温度应为15℃~25℃。

采暖系统根据系统承压和供暖方式的不同，分为：住宅高区热水地板辐射采暖系统、低区热水地板辐射采暖系统、配套低层裙房散热器采暖系统。其中，配套低层裙房散热器采暖系统直接利用一级地热和燃气锅炉房的辅助热

地热供暖

能，住宅高区热水地板辐射采暖系统直接采用二级地热和燃气锅炉房的辅助热能，低区热水地板辐射采暖系统间接采用一级、二级地热的尾水，结合热泵，另外再采用燃气锅炉房的辅助热能。经过上述几级地热利用后，地热尾水和一部分原水经过水处理设备、板换加热后供用户洗浴。

据节能专家介绍，使用地能热泵技术开采利用浅层地温能其节能效果十分明显。具体总结，地热有以下几个方面的特点：

1. 舒适、健康。

地热以辐射方式向室内散热，使室内地表温度均匀，室内温度由下而上逐渐递减，地面温度高，天花板处温度低，人们的腿、脚感觉温暖舒适，符合人体的生理需求，有益健康。

绿色生活

2. 安全、可靠。

地热专用管材使用寿命可达50年，施工中采用整管铺设，地表下无接口和渗漏，无须检修，安全可靠，热稳定性好。

3. 洁净、无污染。

地热采暖减少了室内污浊空气的对流，它可以保持空气洁净，并不会对环境产生污染。

4. 扩大了室内有效使用面积。

地热采暖采用地面下埋设管道的方式，不同于传统的散热器供暖方式，增加了室内空间的有效使用面积，便于装修和家具的布置。

5. 安装成本低廉。

地热供暖的安装成本大大低于传统散热器供暖施工的成本。传统的散热器通过散热片、管道的连接实现供热，极大地增加了施工成本。

6. 设计合理，有效节约能源。

散热器取暖方式把能量浪费在无用的房间上部。而采用地暖时，热量由下而上进行辐射，地面温度高，天花板处温度低。热量集中在人体的主要活动区域，热损失小。因此，比其他取暖方式节省燃料。

地热作为一种清洁能源，不会像燃煤锅炉那样污染大气。有关专家介绍，假如使用103眼地热井，年开采地热水880多万立方米，所含热量每年可减少燃煤7.5万吨，相应地减少100多个锅炉，每年减少向大气排放粉尘750多吨、二氧化碳和二氧化硫等有害气体7300吨，减少灰渣1.3万吨。此外，地热供暖的成本也比较低廉，只相当于燃煤的1/2、天然气的1/4。

为治理大气污染，有关部门专门研究了对策，将回灌、热泵和自动化

控制等先进技术运用于地热供暖，弥补了此前对水资源的浪费等方面的不足。

地热能不受天气状况的影响，既可作为基本负荷能使用，也可根据需要提供使用。地能供暖系统的意义在于，它降低了人类对不可再生资源的依赖程度：如果在 1000 万平方米的建筑物中采用浅层地热能，每年的采暖时节可以节约 37 万吨标准煤，从而减少大量污染物的排放；与电采暖相比，相当于节省了一个装机容量 100 万千瓦的中型电厂。如今对地热能运用的新技术业已成熟，并在不断地进行完善。在能源的开发和技术转让方面，未来的发展潜力相当大。地热供暖可以轻松节能，将会成为未来供暖的主力。

第八节 让辐射远离生活

随着家用电器的广泛普及和人们对健康的日益重视，家电产品的电磁辐射问题已经成为人们关注的焦点。可以毫不夸张地说，城市居家的"电器化"都会使人暴露在电磁辐射之中。生活中的电视、冰箱、微波炉、电磁炉、吸尘器、手机、吹风机、电热毯等，工作中的电脑、传真机、复印机等都是辐射来源，都或多或少存在辐射。

电器在带给我们方便的同时，我们却又受到它的伤害。电磁辐射有害健康，但面对电磁辐射，我们无处可藏，甚至不知道该如何保护自己。电磁辐射虽然看不见，摸不着，但它们无时无刻不在我们身边盘旋，穿越我们的肌体，损害着我们的健康。那么，我们如何将电磁辐射的负面影响降到最小呢？

绿色生活

有关专家研究认为，电磁辐射对人们的影响虽然是普遍存在的，但并不可怕，我们可以适当做些预防工作，以减少电磁辐射对人体的伤害。

1. 提高自我保护意识，多了解有关电磁辐射的常识，做好防范措施，加强安全防范。对配有使用手册的电器，应严格按照指示规范进行操作，尽可能地减少不必要的伤害。

2. 不要把家用电器摆放得过于集中，或者家用电器经常同时使用，以免使自己暴露在超剂量辐射的危险之中。应特别注意的是电视、电脑、冰箱等电器不宜集中摆放在卧室里。

3. 各种家用电器、办公设备、移动电话等尽量避免长时间操作，如电视、电脑等电器需要较长时间使用时，应注意至少每一小时离开一次，采用眺望远方或闭眼的方式，以减轻眼睛的疲劳程度和所受辐射的影响。

4. 当电器暂停使用时，不要让它们处于待机状态，应切断电源。因为待机状态会产生较微弱的电磁场，长时间会产生辐射积累。

使用电脑时应保持一定的距离，尽量减少辐射。

5. 谨慎使用，注意自我保护。

看电视时，最好距离电视3米以上，关机后立即远离电视。使用者还可佩戴防辐射眼镜，以防止屏幕辐射出的电磁波直接作用于人体。

操作电脑时，至少距离显示屏30厘米，开机瞬间的电磁辐射最大，也要避开。电脑可安装电磁辐射保护屏，经常用电脑的人群可以穿上防辐射

服。在桌前放一盆仙人掌有助于吸收辐射。

冰箱不应放在客厅里。冰箱运作时，后侧或下方的散热管线释放的磁场高出前方几十甚至几百倍。另外，冰箱的散热管的灰尘越多电磁辐射就越大。如果冰箱与电视共用一个插座，冰箱在运转时，电磁波会导致电视的图像不稳定。所以冰箱要放在厨房等不经常逗留的场所，散热管上的灰尘应及时清理掉。

微波炉在开启之后要远离至少1米远，眼睛不要看着炉门，不可在微波炉前久站，孕妇和小孩则应尽量远离微波炉。食物取出后，最好先放几分钟再吃。

尽量少使用电吹风，电吹风的辐射量极大。并且使用电吹风时，辐射离头部距离比其他电器要近。所以在使用电吹风时，在开启和关闭电吹风时尽量离头部远一点；不要连续长时间使用，最好做间断停歇。

手机接通瞬间释放的电磁辐射最大，所以，最好在手机响过一两秒后再接听电话。手机在使用时，尽量使头部与手机天线的距离远一些，最好使用耳机接听电话，条件允许的话可转为座机接听。睡觉时不要把手机放在枕头边，更不应将手机挂在腰上、胸前。

手机的辐射也很大，应避免长时间使用。

传真机、复印机等办公设备都应尽量避免长时间操作，以免室内辐射聚集过多。

电热毯对孕妇、儿童、老人的损害最大，最好少用——因为电热毯本

77

身就相当于一个电磁场，即使关上电源，辐射仍然会扰乱体内的自然磁场。

还应该注意的是，带变压器的低压电源磁场一般比较高，但是距离0.3米远就能保证安全。比如手机充电器在充电时应该与人保持一定的距离，尤其不要放在床头。

生活中，注意房间多通风是减少电磁辐射最为简单实用的方法，因为在密闭的环境中，电磁会使空气中的电离层分离，很容易吸附在人的皮肤上，从而危害身体健康。所以，在使用完电视、电脑等电器后应彻底清洗面部，将静电吸附的尘垢通通洗掉。另外，对儿童、孕妇和体弱多病的人群，应控制看电视、玩电脑的时间和距离。在饮食上，要有意识地多吃胡萝卜、海带、西红柿、橘子、瘦肉、动物肝脏等一些富含维生素 A、维生素 C、蛋白质的食物，也能有效地加强肌体抵抗电磁辐射的能力。

超级链接

家电辐射可使人衰老加快

辐射最直接的作用是导致人体皮肤干燥缺水、失去弹性，加速皮肤老化。另外，电磁作用于人体可产生电磁感应，并会有部分的能量沉积。日积月累会导致神经衰弱，破坏人体原有的电流和磁场，使人体内原有的电磁发生异变，自主神经功能失调。电磁波还可以伤害细胞膜，也可以使激素分泌紊乱。电磁波还会影响脑部神经系统，影响人体的正常睡眠效果。总之，家电辐射由外而内的作用会彻底干扰人体的生物钟，导致正常的生理活动出现混乱，加速衰老。

第九节 无噪声干扰的生活

随着工业的飞速发展，噪声污染也随之进入了人们的生活，已成为人类生活中的一大危害。从环境保护的角度来说，凡是影响人们正常学习、工作、休息的声音都统称为噪声。噪声对人的神经系统和心血管系统等会产生不利的影响，会对人的听力造成损害，打断人们的正常思考，降低人们的注意力。长期接触噪声的人，会产生头晕、头痛、脑胀、心慌、乏力、恶心、胸闷、记忆力衰退等症状。噪声还可能影响消化系统，导致冠心病和动脉硬化。

现代都市生活中，人们可能时常被各种噪声困扰。据统计，我国有近2/3 的城市居民在噪声超标的环境中生活和工作。

噪声的主要来源有以下几个方面：

1. 交通噪声：包括汽车、火车、飞机、船舶等发出的噪声。由于社会的飞速发展，人们生活水平的日益提高，机动车辆的数目急剧增加，使得交通噪声成为城市的主要噪声来源。

噪声污染

2. 工业噪声：主要是指工厂的各种设备产生的噪声。工业噪声的声级一般较高，会对周围居民带来很大的影响。

3. 社会噪声：包括人们的社会活动和家用电器、音响设备发出的噪

声。如隔壁的音乐声、窗外的叫卖声、街上的吵闹声、楼道的脚步声、搬家的嘈杂声等，这些噪声级别虽然不高，但由于和人们的日常生活联系十分密切，使人们在休息时得不到安静的氛围，尤为让人不快，更有甚者会引起邻里纠纷。

4. 自然界噪声：主要是指自然现象所引起的噪声。如打雷、闪电、暴雨等，有时在人们的正常休息时间会引起人们的烦恼。

5. 建筑施工噪声：主要来源于建筑机械发出的噪声。建筑噪声一般强度较大，且多发生在人口密集的地区，因此会严重影响居民的休息与生活。

可以说，许多噪声是我们无法阻止、无法时刻做警示的。面对噪声的肆虐，我们也不是无能为力的，我们可以选用绿色建材，从家庭装修、室内材料的选择方面进行防护，将噪声隔离。我们可以从以下几个方面入手：

第一，墙面的处理及改善。

墙壁不宜过于光滑。如果室内的墙面过于光滑，声音就会在接触光滑的墙壁时产生回声，从而增加噪声的影响范围。因此，可以选用壁纸、吸音板、软包装饰布等吸音效果较好的装饰材料来减弱噪声。还可以利用文化石等装修材料，将墙壁表面变得粗糙一些，这样的强波会使声波产生多次折射，从而削弱噪声。有时为了装点家居，可以将墙面做薄，通过在墙上装上隔音棉来减小敲墙后的噪声音量。另外，还可以对临街的墙壁加一层纸面石膏板，墙与石膏板之间用吸音棉填充，然后再用墙纸或墙面涂料，这样也可以有效地减弱噪声，但是，这样做会使室内的面积有所减少。

第二，地面的处理及改善。

针对目前的装修，地板大多是铺大理石、瓷砖或是木地板。据科学研究证明，木地板，尤其是软木地板最有利于吸音。软木地板的表面是由无数个气囊组成的，形成了无数个小吸盘，柔软安全，有着良好的吸音功能，可以有效地降低脚步声、降低家具移动的声音、吸收空中传导的声音。天然的软木地板是调节居室氛围的最佳材料，特别适合用于卧室和书房。如果觉得不便于清洁，也可以铺上瓷砖，但需要在地板上铺吸音率高的地毯（对地毯来说，纯羊毛的吸音效果最好）来吸音。

第三，选择隔音门。

可以说，每扇门都具有一定的隔音作用，但隔音效果却有很大的差异。门隔不隔音主要看门板，门板的隔音效果则取决于门内芯的填充物。一般来说，模压隔音门内芯填充的是类似于蜂窝状结构的纸基，其所形成的密闭空气层能起到很好的隔音效果。而只是在空芯中用纸板简单地打几个隔断的劣质门

隔音门

板，隔音效果很差。对于实木门和实木复合门来说，木材的本身密度越高、重量越重、门板越厚的门隔音效果越好。

另外，最好选择门板表面绘有花纹的门，这样的门不仅可以做装饰，还能起到一定的吸音和阻止反射折射的作用。有老人和孩子的家庭，在装修时应特别注意门的隔声效果，以便减少家人生活的互相影响。

第四，安装双层玻璃的窗户。

有了墙壁和门的高效阻隔，如果不对窗户进行改装，那么会"功亏一

绿色生活

簧"的。有关研究认为，绝大部分的外部噪声是从门窗传进来的。选用中空双层玻璃窗和塑钢平开密封窗，可以隔离70%～80%的噪声，而普通的铝合金单层玻璃窗只能隔离30%～40%的噪声。

尤其是临靠马路的住宅，很有必要将临街的窗户改装成双层玻璃窗户，这样可以更有效地隔音，以此保证正常的休息和工作环境。如果要封闭临街的阳台的话，有框窗要比无框窗的隔音效果好，当然也可根据住宅外部的美观情况来进行选择。

第五，选择厚实的窗帘。

除了双层玻璃窗的改进，要是加上厚实的窗帘就完美无缺了。布艺消除噪声也是较为常用且有效的方法，质地厚实的窗帘能有效控制外界的噪声，有利于人们休息。实验表明，悬垂与平铺的织物，其吸音作用和效果是一样的，如窗帘、地毯等，窗帘的隔音作用最为明显。一般来说，越厚的窗帘吸音效果越好，质地以棉麻最佳。

> **小贴士▶▶▶**
>
> 经研究发现，室内光线的强弱、色彩的明暗度也会间接影响人们对噪声的反应。灯光如果太强，地板、天花板、墙面的色彩如果太绚丽，会刺激人的中枢神经，使人心情烦躁。因此，选择灯具和装饰材料时要格外注意。

第六，选择合适的家具。

家具在房间中是最自然的吸收、扩散体，特别是木质家具效果最好，因为木质家具多孔可以吸收噪声。不同木质的吸音程度不同，较松软

隔音窗帘

的木质吸音更好，如松木。另外，将书柜放置在与邻居家相邻的墙壁处，

可以适当阻隔邻居家传来的声响。

通过装修与室内的布置，将噪声隔离到外面，同时也可对室内本身的噪声进行消除，以此达到安静的环境，在静谧的环境中生活对人们的身心健康是非常有益的。

第十节　社区健身器材也健身

随着生活质量的大幅提高，人们对自身健康的关注也越来越多，健身房的生活已经是很多人的闲余既往之地。除了白领往来穿梭，中老年人也乐此不疲。其实，并非只有通过高昂的代价才能使身体得到锻炼，对社区健身器材进行合理的运用，同样可以起到健身的作用，较健身房来说，社区的健身器材有以下几个特点：

社区健身

1. 节省开支。

针对如今的经济大环境，许多人都开始精打细算，有计划地缩减消费。其中，健身房的费用是可以省去的。当然，有些难度较大的锻炼可以

绿色生活

通过去健身房学习，学到手后就可以转移到社区的锻炼场地了。

另外，许多人只是心血来潮办了健身卡，真正去健身房也就只有屈指可数的几次而已，或是由于太忙没有时间去，或是路途上太花时间，抑或是觉得锻炼效果不明显……总之，健身卡就悄然闲置于一边了，如此实在浪费。

2. 方便、省时。

你还要花时间在去健身房的路途上吗，抑或是挤公交车去健身吗？这些都是没必要的，尤其对于中老年人来说，舟车劳顿再去健身实在太累，社区就有的健身器材为何不好好利用呢。社区的健身器材完全可以根据自身的身体状况进行选择，锻炼的速度也由自己进行控制，太累或是不舒服的话可即刻回家休息。

3. 空气新鲜。

一般来说，健身房里的人数相对较多，通过长时间的锻炼后，屋里的二氧化碳含量会逐渐上升，此时新鲜空气的补充是急切需要满足的。另外，夏季的密闭的空调室内更是难得有新鲜空气。加之室内外的温差较大，人们在凉快的健身房出来后会面对炎热的空气，这对中老年人来说是极为不利的。然而，利用社区的健身器材进行锻炼，这样的困惑就不会出现，人们随时都可以呼吸到新鲜的空气、清爽的风。

人们在享受健身器材带来的便利的同时，一定要掌握动作要领，量力而行，在健身前一定要先清楚地了解自己的身体状况。尤其是夏天，人们通常穿得少，而且户外活动会增多。但是绝大部分健身器材下边都没有沙地、橡胶垫等做缓冲，很容易伤及锻炼者的身体健康。怎样正确利用好身边的健身器材呢？

有腰椎病的老人慎用这些健身器材，并且应在一定的幅度内进行运动。脊柱有疾患的老人建议谨慎使用小区健身器健身，相比之下，打太极拳、大步走或是跳舞等运动更适合此类老年人。对于惯性较大的健身器材，一定要多加注意，因为一经快速走动起来不易控制，孩子和老人应特别注意，一定要等器材停下来再下来，否则容易造成摔伤和扭伤。很多孩子喜欢在单双杠上玩，比如倒挂金钩、荡秋千，或说笑打闹。这样容易掉下来，容易扭伤脚，甚至骨折。

在很多社区，我们总能看到一些色彩鲜亮的健身器材：太空漫步机、健骑机、蹬力器、转体扭腰器等。无论做什么运动，热身非常都很重要，先活动一下关节，或者慢跑，感到微微发汗，活动开了就可以进行运动了。

练腰先用腰背按摩器

热身后，先用腰背按摩器进行锻炼。正确的方法是：双手握住把手，背部紧贴靠背，腰部左右用力，扭转整个背部。腰背按摩器对背部的主要经络进行按摩，每次做 10～15 分钟即可。

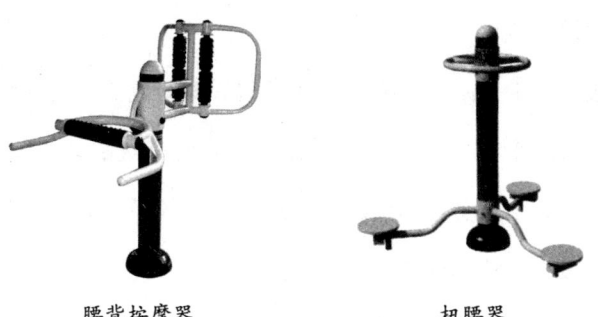

腰背按摩器　　　　　　　　扭腰器

用完腰背按摩器，再使用扭腰器。正确的方法是：双手抓住把手，保持身体平衡，双脚踩在踏板上，利用上肢带动腰部来做运动。扭腰器不仅锻炼腰背，还能锻炼双腿肌肉的控制力、身体的平衡能力。每次做 15～20 分钟即可。

练上肢用太极推揉器

热身后，首先使用太极推揉器，它能让上肢肌肉都参与，并且运动强度不大。站在器械前 15 厘米远，腰部放松，双手对称握住圆盘的两侧（以保持身体的平衡），进行左右转圈，注意旋转的角度不要过大，以免拉伤肌肉。建议做 3 组，10～15 分钟/组。

太极推揉器　　　　　　　　　　　漫步机

健腿用漫步机

站在漫步机上，手握住横杠，两脚前后踩踏或是同向踩踏，漫步机就会摆动起来。这个器械的活动量比较大，它能有效活动膝关节、踝关节，加强腿部力量，增进身体的协调性。运动的时候手一定要抓牢，不能过于追求速度和数量，切忌摆动幅度过大。

全身锻炼用健骑机

健骑机正确的使用方法是：在座板上坐稳，手握扶手，脚踩踏板，做双臂伸缩运动。健骑机的主要功能为全身运动，锻炼腰腹及上下肢肌肉，增强心肺功能。

运动后切忌立刻停止，如果立即停止的话，身体血管远端的血液难以

回流到心脏，会出现胸闷、心悸等不适，最好做一些整理运动，例如慢慢走动几分钟再停下来。

健骑机

　　总之，选择健身器材时，要根据健身目的、年龄、身体状况的不同来选择器械。这样，才能达到运动效果，避免运动损伤。小区里的健身器材每一项都有其锻炼的针对性。总的来说，玩得恰当可以增加肌肉的力量和柔韧性，增强平衡能力，提高身体的灵活性。运用健身器材进行锻炼的时候要考虑自身的健康状况，选择适合自己的项目。

第四章

简简单单生活　实实在在环保

我们拥有一个共同的家园——地球，营造一个安全、健康、温馨的家园，是每一个人的心愿和应尽的义务。面对环境污染、资源枯竭的状况，我们每个人都应该行动起来，从身边的小事做起，从日常生活做起，为保护环境尽一份责任。"简简单单生活，实实在在环保"意味着人们日常生活中的衣食住行用要一切以环境保护为主旨，同时关注自身健康，追求一种健康、环保的生活。

使用珍贵野生动物制品，不仅是动物的灾难，也会让一个人变成间接的屠杀者；食用野生动物对人们身体健康的危害很多；制作或购买动植物标本不仅危害自然也危害人类自身；森林对人类的生存和发展有着重要的作用，而各种各样的木材制品都层出不穷；过分包装不仅造成了资源浪费，也加重了消费负担；公害食品则是人类健康的杀手……

我们要把环境保护贯彻在日常的生活中并不是一件很难的事，只要人们在日常生活中稍加注意，就可以过上既环保又简单的绿色生活。

第一节　拒用珍贵野生动物制品

珍贵动物，是指国家重点保护的珍贵稀有的陆生水生野生动物。其不仅包括具有重要观赏价值、科学研究价值、经济价值以及对生态环境具有重大意义的珍贵野生动物，亦包括品种数量稀少、濒临绝迹的濒危野生动物。所谓珍贵野生动物制品，是指对捕获或得到的珍贵、濒危野生动物通过某种加工手段而获得的成品和半成品，如珍贵动物皮、毛、骨等制成品。

89

1988年11月8日，全国人大常委会通过的《中华人民共和国野生动物保护法》第9条规定："国家对珍贵、濒危野生动物实行重点保护。国家重点保护的野生动物分为一级保护野生动物和二级保护野生动物。"1988年12月10日，国务院批

警方查获的一、二级保护野生动物制品

准并由林业部和农业部联合发布的《国家重点保护野生动物名录》中，共计258种国家重点保护珍贵野生动物，如大熊猫、金丝猴、猕猴、文昌鱼、白唇鹿、扬子鳄、丹顶鹤、天鹅、野骆驼等。

从法律层面来说，保护珍贵野生动物在国家的法律条规中已有明文规定，这不仅意味着保护珍贵野生动物是刻不容缓的，更意味着保护珍贵野生动物是每个公民的责任。身为大自然生态系统中的一员，我们在享有自然给予的丰富原料的同时，也应当担负起保护自然的责任。因此，每个有责任心的人都没有理由致自然界的珍贵野生动物于不顾，都没有任何理由像一个局外人一样，肆无忌惮地占有、享用珍贵的野生动物制品。

随着互联网产业的迅速发展和网络贸易的快速普及，野生动物制品开始被不法分子搬上"网店"。网络交易的隐蔽性、匿名性和不易规范性，以及托运行业的监管不到位等诸多因素，让网络中的野生动物贸易被公认为是交易濒危野生动物的最佳途径之一。

在网上野生动物制品交易中，盘羊头、黄羊头、北山羊头、羚羊角，象牙、虎骨等制品成为收藏品；熊胆制品、虎骨酒、麝香等被作为保健品和滋补品；活体野生动物被作为宠物、食品及用品；玳瑁制品、各种野生

动物的牙齿被做成流行首饰。

在网上交易中，以角雕、西牛角、西角、非洲牛角代称犀牛角及其制品，以牙雕、牙材等词汇称呼象牙及其制品，用海金、有机海洋宝石等代替玳瑁……这些掩饰背后，是对野生动物及其制品的违法贸易。珍贵的野生动物被剔骨去肉、精雕细刻，身上的"零件"无一幸免地被大肆出售。

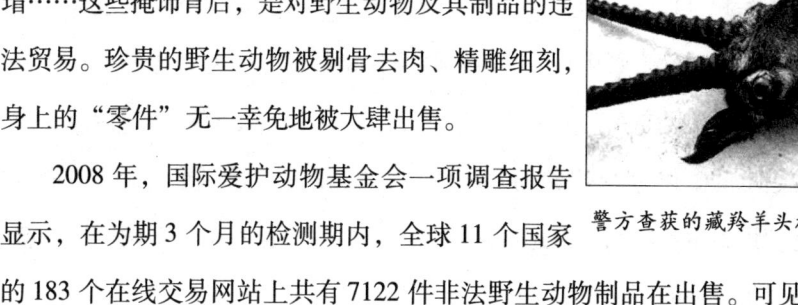

警方查获的藏羚羊头标本

2008 年，国际爱护动物基金会一项调查报告显示，在为期 3 个月的检测期内，全球 11 个国家的 183 个在线交易网站上共有 7122 件非法野生动物制品在出售。可见网络野生动物制品交易的频繁。

许多野生动物遭到人们的商业性开发，由于被认为"皮可穿、羽可用、肉可食、器官可入药……"便被肆意捕杀，导致部分野生动物灭绝，如北美野牛、旅鸽等。据统计，全球野生动物年非法贸易额达 100 亿美元，与贩毒、军火并称为三大罪恶。海狗因人类进补之需而血溅北极，藏羚羊因西方贵妇人戴"沙图什"披肩炫耀之需而暴尸高原。

裘皮服装

为向日韩出口熊胆粉，近万头熊被囚入死牢，割开腹部抽取胆汁；为取犀角使犀牛遭受"灭顶之灾"；为穿裘皮，虎、豹、貂都犯了"美丽的错误"……

为养宠物、为表演取乐、为医药实验……无数生灵都被列为"合理开发利用"的对象……对地球生态平衡起至关重要作用的野生动物都成了人们待价而沽、肆意开发的商品。每一个珍贵野生动物制品的背后都有一幕

绿色生活

血淋淋的悲剧，也许野生动物制品的使用者不曾亲手屠杀过动物，但如果购买了野生动物制品，就变成了间接的屠杀者。

身份的高贵是由内而发的，身披珍贵野生动物制品，非但不能彰显高贵的身份，还会让人们的身体间接沾上动物的鲜血；身体的健康靠的是科学的锻炼和合理的营养，食饮珍贵野生动物保健品或滋补品，也许会适得其反，剥夺了珍贵野生动物的生存权利换来的却是不甚理想的效果，这不应该是一个热爱生命的人所追求的生活，更不是一个新时尚生活的追求者所应追求的。作为 21 世纪的时尚人士，作为新时尚生活的追求者，我们应杜绝使用野生动物制品，这不是一句两句口号，也不是一个两个人的努力就可以解决的问题，它需要的是所有人的努力。

第二节　拒食野生动物

随着人们生活水平的提高，野味成了宾馆饭店招徕生意的招牌，蛇、鹿肉，甚至蝗虫、甲壳虫等都成了尝鲜人口中的佳肴。食用野生动物的人大多固执地认为，野生动物对人体具有独特的滋补和食疗作用。但科学研究证明，野生动

待杀的梅花鹿

物的营养元素与家畜家禽并没有区别。有关专家也提醒，乱吃野生动物对人体的健康不利，野生动物体内含有各种病毒，还携带各种寄生虫，吃野生动物会得出血热、鹦鹉热、兔热病等疾病，这些病因少见，对人体危害很大。

灵长类动物、啮齿类动物、兔形目动物、有蹄类动物、鸟类等多种野

生动物与人的共患性疾病有 100 多种，如炭疽、B 病毒、狂犬病、结核、鼠疫、甲肝等。我国主要猴类猕猴有 10% ~60% 携带 B 病毒。它把人挠一下，甚至吐上一口唾沫，都可能使人感染此类病毒，而生吃猴脑者感染的可能性更大。人一旦染上，眼、口处溃烂，流黄脓，严重的甚至会有生命危险。

饭店餐桌上的美味大多没有经过卫生检疫就进入灶房，染疫的野生动物对人体构成了极大的危害。野生动物带有的各种病菌和寄生虫往往寄生在动物的内脏、血液乃至肌肉中，有些即使在高温下也不能被杀死或清除。因此，食客们在大饱口福时，很可能被感染上疾病。

在众多的野味中，人们食用蛇较多。但是，即使动物园中的蛇，患病率也很高，癌症、肝炎等几乎什么病都有，寄生虫更多。人们常喝蛇血和蛇胆酒，而蛇体毒很多，神经毒会导致四肢麻痹，血液毒能使人出血不止，但人们对此了解甚少，还一味地认为蛇血和蛇胆酒具有很高的药养价值。

甲鱼有一种别的动物身上没有的寄生虫——水蛭。这种寄生虫将卵产在甲鱼体内，如果生食甲鱼血、胆汁很容易连同这些虫卵带进体内，造成中毒或严重贫血。

专家的研究证实，由于环境污染，许多野生动物深受其害。有些有毒物质通过食物链的作用在野生动物身上累积增加，人食用这种野生动物无疑会对自身健康形成危害。另外野生动物生存的环境广泛而复杂，许多动物体内存在着内源性毒性物质，不经检验盲目食用也会对人的健康和生命造成危害。

野生动物是生物链中重要的一环，不能无节制地捕杀。即使捕杀不受

93

绿色生活

国家保护的动物，也要办理相应的手续，通过卫生检疫后方可食用。

2003年流行的SARS病毒，目前医学科学家高度怀疑为吃野生动物所致。许多野生动物是自然疫源地中病原体的巨大"天然储藏库"。历史上重大的人类疾病和畜禽疾病大多来源于野生动物，如人类的艾滋病、埃博拉病毒来自灵长类；感染牲畜的亨德拉病毒、尼巴病毒来自于狐蝠；疯牛病、口蹄疫等也与野生动物有关；鼠疫、出血热、钩端螺旋体、森林脑炎等50多种疾病来自于鼠类。一幕幕人间灾祸，告诉我们食用野生动物不仅是野生动物的灾难，更是人类自身的灾难。人们在随意猎杀、食用野生动物的同时，也为自己埋下了灾难的伏笔。作为追求新时尚生活的人，一定要认识到使用野生动物的危害，不要一味吃奇吃鲜，甚至把吃野生动物当成身份的象征。为了保护生态，也为了人类自身的健康，要拒绝食用野生动物。

第三节　不制作、不购买动植物标本

标本采集制作是从欧洲文艺复兴时期兴盛起来的一种认识生物、鉴别物种的手段，在生物学的研究、教学中有重要作用。在自然生境完好、少数研究者只为研究目的采集标本时，采集标本对认识自然有益，也构不成对自然的破坏。

现今，自然平衡相当脆弱，大自然成了需要人类保护的对象，再随意采集标本，自然界难以承受。我国是北半球生物多样性最为丰富的国家。由于人口持续增加和工农业生产的发展等原因，野生动植物资源遭到严重破坏，一些野生动植物因生存环境恶化，数量锐减甚至濒临灭绝。在这种

自然环境状况下，再随意采集标本，不仅对野生动植物是一种威胁，对自然生态环境也会造成破坏。

近年，许多学生在野外实习时随意大量捕鸟、扣蝶、拔草、采花……对研究对象构成了破坏。另外，一些商人以赚钱为目的，希望每个学校都建标本室，以做其标本生意。把活的野生动植物弄成死的，使无价之宝变成有价之货，这对野生动物来说也是一种灾难。

蝴蝶标本

对于 21 世纪的人们来说，追求绿色生活是一种新时尚，鉴于动物资源的日益缺乏，我们应该认识到标本制作仅仅是认识自然的一种手段，而非目的。既然来到野外，就应当就地识别或拍照，看标本远不如看活体效果好。另外，想观摩动植物标本，一些大博物馆、动物园有制作现成的标本，且都栩栩如生。

现代人装饰家庭时，不少人都喜欢在家里装饰野生动物的标本。动物标本的传统制作方法是要用砒霜的。制作时，首先要在皮张内部涂抹砒霜防腐，之后还要定期用防腐药熏蒸，否则标本就会变形。因为砒霜本身就是挥发性药物，也许短时间不会有什么感觉，但时间一长，就会散发出难闻的气味。这些气味如果被人体过多地吸入，就会产生各种不良反应，严重者会罹患其他疾病。目前，国内绝大部分标本仍采用传统方法制作，所以非常不适合家庭摆放。

作为追求时尚生活的一族，追求房屋装饰的时尚无可厚非，但装饰得

再华丽再时尚的房屋也是为了住得舒服，也得为了自身的健康考虑，所以还是远离动物标本这种慢性的毒药为妙。想要装饰房屋，做房屋装饰的时尚一族，可以选用市场上即环保又美观的装饰品进行装饰。

第四节　不买珍稀木材用具

现今，社会上形成一种盲目攀比、追求奢华的消费风气。"物以稀为贵"的思想使人们舍得花高价购买和使用珍贵木材制成的家具。然而这种畸形的消费观念正对大自然造成严重的破坏。

以红木为例，红木是热带雨林出产的珍贵木材，价格年年攀升。据调查，过去一两元一双的红木筷子现在卖到上百元；10 年前几百元就可买到

红木家具

的红木家具，现在几万元也难觅。甚至上百万元的红木家具照样有人购买。

在我国，红木是严禁砍伐的，现在的红木家具大都是进口的。然而任何地域的热带硬木的砍伐都会破坏热带雨林。一万年前，地球上约 1/2 的陆地被森林覆盖，约 62 亿公顷，而如今只剩下 28 亿公顷了。全球的热带雨林正在以每年 1700 万公顷的速度减少，用不了多少年，世界的热带雨林资源就会被全部破坏。雨林是地球之肺，失去了肺的地球后果将会不堪设想。珍贵木材取自珍稀树种，而珍稀树种是不可复生的自然遗产。保护雨林、保护珍稀树种需从拒绝消费珍贵木材制品做起。

提起圣诞节，人们就会联想到圣诞老人、雪橇、装在袜筒里的礼物，

当然还有圣诞树。圣诞树一般是用枞树做的。以前在西方，人们在圣诞节来临之前到山里或原野上砍下一根根枞树的主干，然后扛回家，插在屋里或院里，用这主干和它的枝杈做"树"，并在"树"上挂些装饰物，比如扎些彩带，挂些铃铛或彩灯，把它布置得五彩斑斓。而这棵"树"实际上是棵死树。也有人直接用刨下来的整棵树做圣诞树，但是节日一过，圣诞树照样被遗弃一旁，成了烧火之柴或垃圾。近年来，圣诞节也在我国悄然兴起，这本无可厚非。令人遗憾的是，有人总觉得过圣诞节不砍棵树不过瘾，找不到枞树就砍棵别的，人的节日变成树的死期。即便是人工制作的假树也是先浪费资源再污染环境。

我国属于森林资源贫乏的国家之一。森林对于人类至关重要，主要表现在森林提供了供人和动物呼吸的氧气，吸收工业和生活排放的二氧化碳；森林调节地表径流，涵养水源，避免水土流失；森林减低风速、吸附尘埃，吸收硫化物等有毒气体；城市绿化带消纳噪音，降低噪声污染；森林是地球上生命最为活跃的保护生物多样

树木被砍伐

性的重要地区。然而，森林正在迅速消失。如果失去森林，地球生态系统就会崩溃，人类就将无法生存。

如果失去森林，人类面临的是崩溃的生态系统，那么人还有什么资格去追求时尚生活呢？一个真正追求时尚生活的人不会去毁掉自己生存的底线，因此作为21世纪追求新时尚生活的人，所选择的是追求绿色生活，而这种绿色生活应该在人们的生活中真实地体现出来。森林因其在人们生活

绿色生活

中的地位，毫无疑问是人们所要保护的对象。对于一个追求绿色生活的人来说，这种保护森林的使命渗透在生活中就是要拒绝消费木材类用品，尤其是珍贵木材类用品。

第五节　自制饮料

世界范围内日益膨胀的包装消费，在饮料工业中表现得最为明显。尽管在许多地方，自来水非常纯净且容易得到，但自来水的饮用量占全部饮品量的比例逐年下降。在美国，饮用的罐装饮料比来自水龙头的水还要多。如果饮料容器被重新利用而不是扔掉，饮料消费并不会导致太大的环境影响。不存在本身对自然界特别危险的饮料，带来麻烦的主要是它们的包装方式。

消费者们正以日益上涨的速度饮用啤酒、汽水、瓶装水和其他许多装在一次性容器中的饮品。为了盛装饮品每年制造和扔掉的瓶子、罐头盒、纸箱和塑料杯不计其数。美国是罐装饮料的头号消费者，美国以罐头的形式扔掉的铝几乎比其他发达国家为各种目的所消耗的铝还要多。在日本，制造饮料罐是增长最快的使用铝的行业。可见包装饮料和罐装食品消耗了大量的能源和资源。

21世纪的时尚生活是绿色生活，日益膨胀的罐装饮料消费浪费了大量的能源和资源，不仅对环保无益，也不符合绿色生活的要求，但人们确实离不开饮料，在这种情况下，自制饮料当然赢得了最高的呼声。

毫无疑问，自制饮料确实是既方便又实惠，最重要的是可以减少各种各样的罐装饮料的包装消费。并非所有的自制饮料都对健康有利，有些餐

馆的自制饮料添加的添加剂过多，反而对身体有害，因此追求绿色生活的人士青睐的是家庭自制的健康饮料。家庭自制的健康饮料不仅可以减少罐装饮料的包装垃圾，同时也有利于自身的健康。鲜果汁、鲜蔬菜汁能清除体内堆积的毒素和废物。鲜果汁或鲜蔬菜汁进入人体后，会使血液呈碱性，把积存在细胞中的毒素溶解，使废物排出体外。

下面有几种家庭自制的健康饮料可供参考。

1. 补充能量饮料：西红柿＋胡萝卜＋蛋黄奶昔

这种饮料能让人恢复体力，因为由维生素 A、维生素 D、维生素 E 组成的混合物和许多矿物质能迅速补充人体消耗掉的能量。

原料：400 克去皮的西红柿，200 克胡萝卜，1 个蛋黄，奶油，胡椒粉，盐。

制作方法：将所有原料放入搅拌器中压榨成汁，倒入玻璃杯，然后再加适量调料搅拌均匀，即可饮用。

2. 洁体饮料：菠萝＋酸菜混合饮料

这种饮料含有许多有利于健康的乳酸菌的酸菜能起到通便、促进代谢的作用，每天一杯能清洁体内垃圾。

原料：半个菠萝，两个橙子，200 毫升酸菜汁，少许柠檬汁。

制作方法：将菠萝切成块，榨取橙汁，然后与酸菜汁和柠檬汁一起加入搅拌器中拌匀。根据个人口味，如果觉得有点酸可加少量蜂蜜。

3. 杀病毒饮料：芹菜＋胡萝卜奶昔

这种饮料能保护人体不受细菌和病毒的侵袭。它含有丰富的胡萝卜素和维生素 C，能使人头脑清醒，并能保持活力。

原料：6 根胡萝卜，半棵芹菜，4 个橙子，3 勺奶油，少量盐和胡

椒粉。

制作方法：胡萝卜和芹菜去皮后切成小块，把橙子压榨成汁。然后把所有东西连同奶油统统倒入搅拌器中搅匀，用盐和胡椒粉来调味。

4. 矿物饮料：黄瓜 + 酸奶饮料

这种饮料含有多种维生素和丰富的矿物质，能使皮肤和头发变得柔顺，漂亮。

原料：半根色拉黄瓜，2 个橙子，200 毫升酸奶，200 毫升矿泉水，2 勺麦芽。

制作方法：黄瓜去皮，切成小块，将橙子压榨成汁。然后把橙汁与黄瓜块加入搅拌器，并倒入酸奶、矿泉水和麦芽。搅拌均匀即可饮用。

黄瓜酸奶饮料

5. 苗条型饮料：香蕉 + 豆腐奶昔

豆腐热量少，易饱，是理想的减肥辅助食品，一杯饮料能代替一顿饱餐。

原料：2 根香蕉，75 克豆腐，250 毫升矿泉水，1 杯捣碎的冰块，2 匙蜂蜜。

制作方法：把豆腐切成块，并将其与香蕉、矿泉水和冰一起倒入搅拌器，制成后加入蜂蜜。

6. 润肤养颜性饮料：木瓜鲜奶汁

现代医学证明：果实含番木瓜碱、木瓜蛋白酶、凝乳酶、胡萝卜素等，并富含17 种以上氨基酸及多种营养元素。其中所含的齐墩果成分是一种具有护肝降酶、抗炎抑菌、降低血脂等功效的化合物。木瓜具有阻止人体致癌物质——亚硝胺合成的本领。常食木瓜具有平肝和胃，舒筋活络，

软化血管，抗菌消炎，抗衰养颜，抗癌防癌，增强体质之保健功效。木瓜鲜奶汁则可以起到润肤养颜的作用。

原料：木瓜360克，鲜牛奶两杯，白砂糖适量，碎冰块适量。

制作方法：选取熟透的木瓜，去皮、去核，切成大块状，备用。将木瓜块、鲜牛奶、白砂糖及适量碎冰一齐放入果汁机中，打碎成浓汁，即可饮用。

小贴士 ▶▶▶

许多水果、蔬菜都可以制成饮料。个人可依据自己的喜好加入牛奶、冰糖、蜂蜜等进行调味，这样的健康饮品比起某些加了色素、添加剂的外卖饮料更加健康、可口。

自己动手，做自己喜欢的果汁，既鲜美可口，又节约开支，也没有瓶罐包装等对环境产生的污染。让我们加入自制饮料的行列，共享绿色生活。

第六节 拒绝过分包装

早在20世纪80年代初，我国包装设计及包装行业的专家们就提出了"过分包装"的问题。过分包装品是指一种耗用过多材料，体积过大，用料高档，装饰奢华，超出了包装保护商品、美化商品的功能要求的包装。

在日常生活中，我们买来的食品或物品往往有两三层的包装，有时多达五六层。1997年有关调查表明，我国每年人均包装物为10千克，全国每年包装垃圾将近1000万吨，而且这个数字随着经济的增长而急剧增加。美国食品包装垃圾的重量是家庭垃圾的一半，用于包装的开支与农民的纯收入相等。非常遗憾的是我国废弃物回收率很低。纸的回收率欧共体是

绿色生活

26%，我国是15%；塑料的回收率日本是26%，我国是9.6%；铝罐的世界平均回收率是50%，我国是1%。这样既造成了巨大的浪费，又造成了严重的污染。

过分包装的物品

以北京为例，北京年产垃圾430万吨，日产垃圾1.2万吨，人均每天扔出垃圾约1千克，相当于每年堆起两座景山。在全国每年的城市固体废物中，包装物占到了30%，仅是每年生产1000万个纸盒月饼，包装耗材就需砍伐上百万棵直径在10厘米以上的树木。

小贴士▶▶▶

很多人认为包装得越好、包装层数越多的商品就是好产品，其实不然。有的商家正是抓住了消费者的虚荣心，以次充好，以普通充高档，凭借诱人的外包装吸引消费者。所以，对于商品，我们真正应关注的是其真实的使用价值，而非其包装。

概括而言，过分包装的危害有以下几个方面：

1. 浪费资源，大部分的过分包装都会作为垃圾扔掉，很难再利用。生产包装需要耗费大量的金属、玻璃、纸和塑料，这些包装品一次性用完后却变成了垃圾。

2. 污染环境，很多包装物不能降解，造成了生态破坏、造成了环境的污染。

3. 助长了人们不正常的消费心理的产生，会使人们日益盲目攀比，追求奢华。

4. 加重了消费者的负担。不少商品特别是化妆品、保健品、礼品的

包装费用已占到成本的 30% ~ 50%。实际上，包装物再好看都将成为垃圾，而且包装的成本都需要消费者来承担。

追求绿色生活并不意味着完全拒绝包装，在我们的日常生活中完全拒绝包装是不可能的，但我们可以做到拒绝多重包装，拒绝过分的和豪华的包装，不买包装豪华又繁缛的食物或用品。在一些国家，过分包装的商品已落伍了，会遭到消费者的抵制，而在我们的周围，过分包装依然盛行，对过分包装行为的抵制尚需要大家的共同努力。过分包装需要人们在日常生活中贯彻简单生活的理念，努力将"拒绝过分包装"的战斗进行到底。

第七节　使用再生纸

再生纸，顾名思义，就是以废纸做原料，将其打碎、去色制浆后再通过高科技手段，经过多种复杂工序加工生产出来的纸张。它的颜色比普通纸暗一些，其白度在 82 ~ 85 之间（正是用眼最佳亮度）。再生纸原料的 80% 来源于回收的废纸，因而被誉为低能耗、轻污染的环保型用纸。

城市废纸多种多样，厂家回收后，将它们分为 60 多类，以不同类别的废纸为原料再制成不同的再生复印纸、再生包装纸等。一般可以分为两大类：一类是挂面板纸、卫生纸等低级纸张；另一类是书报杂志、复印纸、打印纸、明信片和练习本等用纸。许多国家已经生

孩子们在展现自己制作的再生纸物品

产和使用这两类纸张。其中，生产再生复印纸的原料就是办公用纸、胶版书刊纸以及装订用纸等几类原本纸质就相对较好的城市废纸，其生产过程要经过筛选、除尘、过滤、净化等 10 多道工序，工艺复杂，科技含量很高。

使用再生纸有以下几个方面的好处：

1. 保护环境。森林可以为人类提供氧气、吸收二氧化碳、防止气候变化、涵养水源、防风固沙、维持生态平衡等。现在，地球上平均每年有 4000 平方千米的森林消失。我国的森林覆盖率只有世界平均值的 1/4。据统计，我国森林在 10 年间锐减了 23%，可伐蓄积量减少了 50%。云南西双版纳的天然森林，自 50 年代以来，每年以约 1.6 万公顷的"进度"消失，当时 55% 的原始森林覆盖面积现已减少了 1/2。根据造纸专家和环保专家提供的资料表明：一吨废纸可生产品质良好的再生纸 850 千克，节省木材 3 立方米（相当于 26 棵 3~4 年的树木），按北京某造纸厂生产 2 万吨办公用再生纸计算，一年可节省木材 6.6 万立方米，相当于保护 52 万棵大树，或者增加 5200 亩森林。如果把今天世界上所用办公纸张的一半加以回收利用，就能满足新纸需求量的 75%，相当于 800 万公顷森林可以免遭砍伐。

2. 节约资源，减少污染：一吨废纸再造成再生纸，可节省化工原料 300 千克，节煤 1.2 吨，节水 100 吨，节电 600 度，减少 35% 的水污染，并可减少大量的废弃物。

3. 保护"两球"：经科学检测，纸越白在日光灯下反射的光越强，对人的视力健越有害。按当前国际通用标准，纸张白度不应高于 84 度，再生纸的白度为 84~86 度。而原木浆纸的白度可达到 95~105 度。目前，国际

上最流行的是83度的本色再生纸，因为本色再生纸能保护两球——地球和眼球。

4. 有利于推进循环经济。循环经济就是按照生态规律，对生产、运输、消费和废物处理进行整体设计，运用高科技手段，实现资源的减量化、废弃物的资源化。把资源生产消费废弃物的单向运作方式的终点变为二次资源。再生纸正是通过高科技手段，使废物得以重新利用，实现了废弃物的资源化。

5. 有利于塑造具有时代特征的城市精神。政府带头使用再生纸，可促进社会消费观念的更新，是在全社会倡导资源意识、环境意识、培育再生纸市场，以实际行动迎接2010年世博会在上海的召开。

另外，使用再生纸名片，是文明和时尚的象征，也是文化和道德的体现。对于商业人士来说，递出一张再生纸名片，就为拯救环境出

再生纸手提袋

了一份力。15盒再生纸名片就等于保护了一棵大树，节约一张纸是小事，但如果我们每个人都从节约一张纸做起，那就是影响中国环境的大事，关系到贯彻科学发展观的大事，因此使用再生纸是用心灵为绿色城市做贡献，是为子孙后代留一片绿洲，一张小小的名片把文明和环保行为体现在实际行动中。对于普通的非商业的民众来说，使用再生纸不仅是崇尚文明和时尚的象征，而且体现了使用者的文化和道德。使用再生纸需见之于人们的日常生活中，需要人们在日常生活中秉持简单生活的信念，真正地把保护环境的信念贯彻在人们的日常生活中。

绿色生活

第八节 做一个绿色消费者

　　绿色消费，也称可持续消费，是指一种以适度节制消费、避免或减少对环境的破坏、崇尚自然和保护生态等为特征的新型消费行为和过程。绿色消费的重点是"绿色生活，环保选购"。绿色消费以保护消费者健康为主旨，符合人的健康和环境保护标准的各种消费行为和消费方式。具体来讲，绿色消费应包含健康安全、节能、环保、可持续性等要点。可以说，绿色消费包括的内容非常宽泛。不仅包括绿色产品，还包括物资的回收利用、能源的有效使用、对生存环境和物种的保护等，可以说涵盖生产行为、消费行为的方方面面。

　　国际上公认的绿色消费有三层含义：一是倡导消费者在消费时选择未被污染或有助于公众健康的绿色产品；二是在消费过程中注重对废弃物的处置，不造成环境污染；三是引导消费者转变消费观念，崇尚自然、追求健康，在追求生活舒适的同时，注重环保、节约资源和能源，实现可持续消费。绿色消费已得到国际社会的广泛认同，国际消费者联合会从1997年开始，连续开展了以"可持续发展和绿色消费"为主题的活动。

　　在国内，原国家环保总局等6个部门在1999年启动了以开辟绿色通道、培育绿色市场、提倡绿色消费为主要内容的"三绿工程"；中国消费者协会则把2001年定为"绿色消费主题年"。

　　近二三十年来，绿色消费迅速成为各国人所追求的新时尚。据有关民意测验统计，77%的美国人表示，企业和产品的绿色形象会影响他们的购买欲望；94%的德国消费者在超市购物时，会考虑环保问题；在瑞典，

85％的消费者愿意为环境清洁而付较高的价格；在加拿大，80％的消费者宁愿多付10％的钱购买对环境有益的产品。日本消费者对普通的饮用水和空气都有以"绿色"为选择标准。

街头的"绿色消费"宣传

"绿色革命"的浪潮一浪高过一浪，绿色商品大量涌现。绿色服装、绿色用品在很多国家已很风行。瑞士在1994年推出"环保服装"，西班牙时装设计中心推出"生态时装"，美国已有"绿色电脑"，法国已开发出"环保电视机"。绿色家具、生态化的化妆品，也逐步走入世界市场；各种绿色汽车正在驶入高速公路；使用新的生态建筑材料建成的绿色住房业已出现。总之，绿色消费已渗透到人们生活的各个领域，在人们日常消费中的地位越来越重要。

绿色消费者是指那些关心生态环境、对绿色产品和服务具有现实和潜在购买意愿和购买力的消费人群。也就是说，绿色消费者是那些具有绿色意识，并已经或可能将绿色意识转化为绿色消费行为的人群。

一般消费者基本的生理需求满足以后，便开始追求超越"物质"的生活，向往美好的生活品质——关注我们赖以生存的地球，关心人与自然的可持续、协调发展，这样就会逐渐发展成为一位绿色消费者。人们绿色消费意识的产生和绿色消费的实践行动，主要来源于以下三个方面：一是日益严重的环境问题损害了人们的正常生活，引起了人们的密切关注；二是环保知识的普及推广，全社会对环保运动的推动，提高了消费者在环保方面的认识；三是消费者的个人绿色消费经验的积累，从中感受到绿色消费对自身和社会的好处。比如，一位消费者开始尝试了绿色食品，出现了好

107

的效果，会产生强化作用，增强他对绿色产品的好感和信心，然后也许会扩大绿色消费的范围，如购买节能家电、绿色家具等。

国外有学者根据消费者的环境意识水平对其进行分类，也有的利用消费者自我认定的"绿色度"来区分绿色消费者。根据人们消费选择中所体现的对环境关注的程度呈由低到高的一个连续不断的状态，可以将绿色消费者大致分为浅绿色消费者、中绿色消费者、深绿色消费者。

浅绿色消费者：此类消费者只有模糊的绿色意识，他们意识到应对环境进行保护，但在消费过程中没有把这种意识具体化，他们的绿色消费行为大多是无意识的和随机的，是潜在的、不稳定的绿色消费者，对绿色产品的溢价难以接受。群体特征表现为受教育程度和收入水平较低，对环境保护的态度不积极，比较容易受他人的影响。

中绿色消费者：这类消费者具有较强的环保意识，但对绿色消费还缺乏全面的认识，比如只认识到产品无害性或包装的可循环使用性，而没有认识到生产过程的无污染性。他们是选择性消费者，主要选择与自身利益联系比较紧密的绿色产品，如绿色食品、绿色建材，对5%～15%的绿色产品溢价可以接受。群体特征表现为受教育程度和收入水平一般，对环境保护的态度比浅绿色消费者积极，受社会相关群体的影响更大。

深绿色消费者：此类消费者的绿色意识已经深深扎根，对绿色消费有全面和深刻的认识，表现为自觉、积极、主动地参与绿色消费，对绿色产品的溢价接受程度大于15%，会提出新的绿色消费需求。群体特征表现为受教育程度和收入水平较高，对环境保护的态度很积极。

如果人们在日常的消费中能够秉持绿色消费的理念，在购物的时候能够考虑到环保，做一个绿色消费者，就能使我们的世界变得更加健康和安

全。绿色消费是 21 世纪的时尚生活，更是人们在生活中真实地进行环境保护的主要表现，因此我们要在日常的生活中，从细小的事情做起，从环保购物做起。

1. 购买散装物品。有些物品是不需要包装的，商家将包装费用转嫁到物品的价格上，消费者购买之后，这些外包装只能被当作垃圾扔掉。

2. 购买可循环使用的产品。可循环使用的物品不仅可以节约开支，而且可以减少资源浪费、减少污染。

3. 购买水流小的淋浴喷头。在水龙头中安装通风发散装置和安装低流量的淋浴喷头，可以减少 50% 的水费，同时也节约了水资源。

4. 用能量利用率高的用品。要用那些贴有"能源之星"标签的。因为这种商品达到了能源效率标准。这样做不仅减少了二氧化碳的排放，而且节约了在能源上的花费。

5. 用天然的、无公害的物品代替化学制品。无毒害的清洁产品不但可以降低污染，而且有利于人体的健康。

让我们以保护地球的高度责任感出发，从自身做起，做一个绿色消费者，在快乐购物、享受生活的同时，给自然多留一点"绿色"。

第五章

支持科技　践行环保

我们的日常行为方式往往蕴含着丰富的信息，对社会的发展方向起着特殊的作用。比如，如果我们能够有意识地控制自己的消费行为，带着环保的眼光去评价和选购各种产品，能够考虑某一种产品在生产、运输、消费、废弃的过程中会不会给环境造成污染，选择那些符合环保要求的产品，本身就是一种对于环保的支持。因为我们在选择符合环保要求的产品同时，相当于拒绝了非环保产品，这样下去的结果是：符合环保要求的产品逐渐占有更大的市场份额，非环保产品最终被淘汰出局。

随着社会的发展，市场上的产品可谓是日新月异，其中不乏一些科技含量高而又符合环保要求的产品。并且，在大多数情况下，正是因为有了科技的支持，一件产品才拥有了环保的性能。如果每个人都能有意识地选择有利于环境的绿色产品，那么这些信息就将汇集成一个信号，引导生产者和消费者正确地走向环保之路，走向社会可持续发展之路。

第一节　选购绿色食品

所谓绿色食品，是指遵循可持续发展的原则，按照特定的生产方式生产，经专门机构认证，许可使用绿色食品标志的无污染的安全、优质、营养类食品。其中的"无污染"是指在绿色食品生产、加工过程中，通过严密监测、控制，防范农药残留、放射性物质、重金属、有害细菌等对食品生产各个环节的污染，以确保绿色食品产品的洁净。

之所以称为"绿色"，是因为自然资源和生态环境是食品生产的基本条件，由于与生命、资源、环境保护相关的事物，国际上通常冠之以"绿

绿色生活

色"，为了突出这类食品出自良好的生态环境，并能给人们带来旺盛的生命活力，因此将其定名为"绿色食品"。

与普通食品相比较，绿色食品生产从原料产地的生态环境入手，对原料产地及其周围的生态环境因子的严格监测，使绿色食品产地符合环境质量标准。绿色食品产地的生态环境主要包括大气、水、土壤等因子。绿色食品产地应选择空气清新、水质纯净、

绿色食品——草莓

土壤未受污染，具有良好农业生态环境的地区。绿色食品还通过产前环节的环境监测和原料检测；产中环节具体生产、加工操作规程的落实，以及产后环节产品质量、卫生指标、包装、保鲜、运输、储藏、销售控制，确保绿色食品的整体产品质量，并提高整个生产过程的技术含量。绿色食品生产过程有着严格的标准，对生产资料的使用和生产操作的规程都进行了具体的规定，是绿色食品质量控制的关键环节。因此，绿色食品生产过程标准也就是绿色食品标准体系的核心。绿色食品真正做到了"安全、营养、无公害"。

然而，一些不法商家违规使用绿色食品标志，或者是提出"纯天然"等概念来误导消费者，以低于绿色食品的价格来以次充好，导致消费者的经济利益受到侵害；更有甚者，影响消费者的身体健康。因此，有关专家给出消费者购买绿色食品时的"五看"建议：

一看级标。我国将绿色食品定为 A 级和 AA 级两个标准。A 级允许限量使用限定的化学合成物质，而 AA 级则较为严格地要求在生产过程中不

使用化学合成的肥料、农药、饲料添加剂、食品添加剂和其他会污染环境和影响健康的物质。A 级和 AA 级同属绿色食品，除了有两个级别标志外的，其他均为冒牌货。

A 级绿色食品标志　　　　　　AA 级绿色食品标志

二看标志。绿色食品的标志和标袋上印有"经中国绿色食品发展中心许可使用绿色食品标志"字样。

三看标志上标准字体的颜色。A 级绿色食品的标志与标准字体为白色，底色为绿色，防伪标签底色也是绿色，标志编号以单数结尾；AA 级使用的绿色标志与标准字体为绿色，底色为白色，防伪标签底色为蓝色，标志编号的结尾是双数。

四看防伪标志。绿色食品都有防伪标志，在荧光下能显现该产品的标准文号和绿色食品发展中心负责人的签名。

五看标签。除上述绿色食品标志外，绿色食品的标签符合国家食品标签通用标准，如食品名称、厂名、批号、生产日期、保质期等。检验绿色食品标志是否有效，除了看标志是否在有效期内，还可以进入绿色食品网查询标志的真伪。

绿色食品为了人类的健康，也为了人类的生存环境，让我们坚持选购绿色食品，更加"绿色"地生活。

绿色生活

"北大荒"成为我国重要的绿色食品基地

黑龙江垦区位居世界三大黑土带之一的东北大平原上，过去有"北大荒"之称。截至2005年底，黑龙江垦区已有200个产品获得绿色食品认证，分别占全省和全国的29%和3.6%，绿色食品产品总数在全国各企业中名列第一。昔日的"北大荒"已成为我国重要的绿色食品基地。

黑龙江垦区在绿色产业的崛起中迅速成为我国重要的商品粮生产基地，年产粮食总量10年间增产50亿千克。2005年，首次突破100亿千克大关。到2005年年末，黑龙江垦区已创建国家级绿色食品标准化生产基地22个，种植绿色、有机及无公害农作物1017万亩，占农作物总播种面积的31.4%。绿色食品加工企业年生产绿色食品82.7万吨，实现增加值6.4亿元，占垦区全部工业增加值的15.8%。黑龙江垦区龙头企业年粮食加工能力达到1400万吨，牵动100余个农场、57个县市的100多万个农户直接增收17亿元。

据悉，"十一五"期间，北大荒集团的无公害绿色农产品将达400个，无公害农产品产地认定达3200亩，建设部（省）级无公害、绿色、有机农产品生产基地50个，优势农产品标准化生产出口基地30个。

第二节　选购绿色服装

尽管生产服装和鞋子之类的生活用品比不上重工业对地球产生的损害大，但为市场提供流行样式也的确导致了一些生态影响。如棉花种植者是世界上最大的农药和水的使用者之一，一些毛料和皮革来自过度放牧地区

的牲畜，并且纺织厂常常使用作为危险品登记的工业染料。

绿色服装是指采用纯天然的未受污染的材料制成的衣服、鞋帽等。生活中一般服装的斑斓色彩全靠染料帮忙，然而，染料在给服装带来明丽色彩的同时，也给人体健康造成一定程度的伤害，对自然环境带来很大的危害。

染料对人体的伤害是通过皮肤接触完成的。一般而言，皮肤对服装染料的吸收是微量的，不会达到引起皮炎的浓度。但有些缺乏坚牢度的染料，通过与皮肤的接触、摩擦、汗浸等被皮肤吸收，对敏感性高的人可能引起危害。能够引起皮炎的染料有酸性染料、还原染料、分散染料、碱性染料等，特别是碱性染料中的槐黄、结晶紫、甲基紫、孔雀绿、藏红、维多利亚蓝等是有害的。

通过对服装纺织品的长期研究，发现12种染料有致癌性。其中，有些仍用于纺织品染色，这其中大部分是偶氮染料。偶氮染料之所以致癌，是因为在其合成过程中所用的或在染料成品中所残余的某些芳香胺中间体具有致癌作用。当服装纺织品中偶氮染料与皮肤长期接触时，所分解还原出具有致癌性的芳香胺通过皮肤进入人体，对人体产生了潜在的危险。

此外，纺织品上残留的重金属也会对人体造成伤害。这些重金属来源于染料及染整工艺过程的氧化剂、催化剂、剥色剂、阻燃剂、去污剂、整理剂等，合成纤维聚合时所用的催化剂也会在纺织品中残留金属。

纺织品中过量的重金属通过皮肤渗入人体，在人体的器官中沉积下来，达到一定程度后会致病。过量的汞会伤及人的中枢神经；锌会减弱免疫功能，诱发癌症；镍会导致肺癌的发生；而钴则会对呼吸系统、眼睛、皮肤和心脏产生不良影响。

绿色生活

衣服在漂染工艺过程中，会造成很重的空气及水体污染，特别是染料中的重金属，会造成水质的严重污染。

因此，世界各国的科学家开始着手培育天然颜色的"彩棉"，寻求"绿色"服饰之路。彩棉，顾名思义，就是彩色的棉花，如同花朵一样，棉花也可以五颜六色，不过这只是近十年来才有的新成果，由

彩棉棉纱

于其品质珍贵、产量较低，在国际上享有"植物羊绒"、"纤维皇后"的极高美誉，称得上棉中佳品。

小贴士▶▶▶

　　如何辨别彩棉服装的真伪？

　　将一块彩棉面料放入40℃的洗衣粉溶液中浸泡6小时（目的是为了去除纤维表面的蜡质层），然后用清水洗涤干净，晾干。观察其色泽变化。如果色泽比之前加深，为真品，否则为伪制品。

彩色棉花是采用杂交、转基因等现代生物工程技术，培育出的一种在吐絮时就具有棕、绿、红、黄等色彩的棉花，摘桃季节，遍地织锦，煞是好看。彩棉的高贵品质，与育种、种植、纺织、印染等各个环节的精心"呵护"密不可分。从种植地的选择上便可窥见一斑，新疆、海南岛等地污染少、光照足，是彩棉生长的好地方，和普通棉花比，彩棉算得上是"贵族"了。在生长过程，彩棉还受到额外照顾，较其他"兄弟"少吃了许多农药、除草剂和化肥。更重要的是，由于其色彩天成，用其纺纱织布，无须使用漂白剂和染色剂，消除了这些人体健康的潜在"杀手"，而且也不会造成环境污染。

天然彩色棉作为绿色环保产品，非常适宜织制直接与皮肤接触的内衣、衬衣、家居服、妇女及婴幼儿服装、床上用品、毛巾、袜子等，有人体"第二肌肤"之称。彩棉服饰颜色古朴淡雅，手感柔软舒适，吸汗透气，安全无刺激，而且色泽牢固，不必担心褪色。

彩棉正悄悄地改变着我们的穿衣习惯，我们期待着明天的彩棉能吐出更鲜艳的花朵，有更多、更健康

彩棉制成的衣服

的彩棉服饰走入我们的衣橱。穿出健康，穿出时尚，让彩棉服饰成为大家健康生活的"绿色"卫士。

超级链接

彩棉衣物的洗涤方法

彩色棉的色彩源于天然色素，其中个别色素（灰色、褐色、绿色）遇酸会发生化学反应。因此，洗涤彩棉衣物时，不能用酸性洗涤剂进行清洗，应选用中性肥皂和洗涤剂。另外，值得注意的是将洗涤剂溶解均匀后，再将衣物浸泡在其中。

第三节　讲求环保洗衣

大多数洗涤剂都是化学产品，含洗涤剂浓度高的废水大量排放到江河里，会使水质恶化。高浓度的清洁剂会损伤人体中枢神经系统，使人的智力发育受阻，思维能力、分析能力降低，严重的还会出现精神障碍。清洁剂残留在衣服上，会刺激皮肤发生过敏性皮炎，长期使用浓度较高的清洁

绿色生活

剂，清洁剂中的致癌物就会从皮肤、口腔处进入体内，损害健康。

洗涤既是一个净化过程，又是一个对水体的污染过程。由于不同的洗涤用品给水带来的污染程度不同，选用什么样的洗涤用品也就成了关键。我们虽然无法拒绝洗涤本身，却可以选择有利于环保的洗涤用品。

含磷洗衣粉会造成水体污染

在有磷洗衣粉和无磷洗衣粉之间，人们应该选择无磷洗衣粉。

洗衣粉主要由表面活性剂和洗涤剂两部分组成。助剂的作用是提高表面活性剂的去污能力，分为含磷助剂和无磷助剂两种，洗衣粉据此分为含磷洗衣粉和无磷洗衣粉。含磷洗衣粉以磷酸盐（如三聚磷酸钠，六偏磷酸钠）为主要助剂，而无磷洗衣粉是通过重组产品配方和使用4A沸石取代磷酸盐作为主要助剂。

含磷洗衣粉的洗涤污水排放到江河湖泊中会造成水体富营养化。磷尽管对生物物体十分重要，但水体中的磷作为营养性物质，含量较高时会形成富营养化，造成藻类等浮游生物迅速繁殖。大量繁殖的浮游生物会使原本清澈明净的水体变得浑浊有色；浮游生物死亡后的残骸被微生物分解的过程中，不断消耗水中溶解的氧，使得水的含氧量降低；部分浮游生物的残骸沉积在水体底层发生腐化产生硫化氢等有毒有味气体使水体发臭；部分浮游生物会分泌出毒素。所有这些都会对水体生态系统造成严重破坏，使水体彻底丧失使用功能。

另外，一些医学专家指出，"禁磷"是环保课题，更是关乎人体健康的医学课题。由于高磷洗衣粉对皮肤的直接刺激，人们在洗衣服时手和手臂会产生灼烧疼痛的感觉，而洗后晾干的衣服又让人瘙痒不止。有关资料表明，由于高磷洗衣粉的直接、间接刺激，手掌的烧、疼痛、脱皮、起泡、发痒、裂口成为皮肤科的多发病，并且经久不愈；而合成洗涤剂也已成为接触性皮炎、婴儿尿布疹、掌跖角皮症等常见病的刺激源。

因此，洗衣粉应该选择无磷洗衣粉。目前，我国市场上出售的洗衣粉大多数已经实现了无磷化。需要特别指出的是，无磷洗衣粉的确对环境的污染有一定程度的减小，但是并不表示无磷洗衣粉就不会对环境造成污染，磷的替代物一样会对环境造成污染。

生活中，除了自己洗衣服，很多人会选择把衣服拿到干洗店里去干洗。尤其是一些高档服装，由于这些衣服的外料与里料的质地不同，若用水洗，则会由于缩水程度不同而难以熨烫平整，因而只能采用干洗的办法清洗。干洗虽省力、方便，但需要引起人们注意的是，如若干洗不当，会给人体造成危害。衣物干洗时，干洗剂以高氯化合物为活性溶剂，而这种化学品会对人类的神经系统造成伤害。人如果长期接触该化学品，可能会患上肾癌。在干洗的过程中，高氯化物被衣物的纤维吸附，在衣物干燥时又从衣物内释放出来，从而影响人体健康。因而，刚从洗衣店取回的衣物不要立即上身，也不能马上放入衣柜中，而应该在阴凉通风处，挂置数天。由于儿童对高氯化物尤为敏感，因而要让孩子远离干洗衣物，孩子的衣服也不宜干洗。

另外，有的人会在洗衣时加入柔软剂或漂白剂，而它们也可能会产生污染或对人体健康造成伤害，因此要特别注意。衣物经洗涤后容易产生静

119

绿色生活

电，尤其是人造纤维制品，穿着时常吸附在腿上，既影响功能，又有碍美观。柔软剂的功用则是消除这些让人心烦的静电，使衣物柔软蓬松。衣物柔软剂的主要成分为动物脂肪、氨、人造染料及人造香料。用过柔软剂的人们都知道，柔软剂虽然消除了衣物上的静电，但会在衣物表面留下一层残余。当人们穿着衣服时，这层残余物质就会接触到人的皮肤，刺激人的皮肤，严重的会引起过敏反应，造成鼻塞、流泪等。柔软剂中的香味很强，对香水敏感的人应对此产品特别小心。其实，对天然纤维衣物而言，根本无须柔软剂。因而在洗衣时应加以区分。在洗衣时，还可经常见到的是漂白剂。漂白剂中多含氯、人造染料、荧光剂和人造香料。残留在衣服上的漂白剂会引起皮肤过敏，刺激眼睛。如果漂白剂与其他含有氨的清洁剂混合在一起，还会产生致命的氯胺气。此外，漂白剂中的氯气还会损害臭氧层。所以，使用漂白剂对自己、对环境都没有好处。

随着人们生活水平的提高，越来越多的人开始使用洗衣机来洗衣服。因此，洗衣机的选择就变得非常重要。功能好、科技含量高的洗衣机，不仅可以帮您省水、省电，还可降低衣物磨损，延长衣物的使用寿命，这同样是环保的一部分。比如，有的洗衣机安装有臭氧发生装置，洗衣时可将臭氧源源不断地导入水流中，

子母型洗衣机

达到杀菌的目的而不产生二次污染；有的洗衣机装有独特的磁化装置，净衣、杀菌效果很好；有的洗衣机推出分开洗的概念，将洗衣机设计为子母型，由大小两个洗衣筒组成，分别洗涤不同洁净程度的衣物；还有的洗衣机厂家正在研制不用洗涤剂的洗衣机，既简化了洗衣程序，又节水省电。

相信随着科技的发展，要多的符合环保要求的洗衣机会走入千家万户。

第四节　使用节水龙头

我国是一个缺水的国家，全国半数以上的城市缺水，节水对我们来说非常重要。除了要做到随手关闭水龙头、一水多用、杜绝浪费水之外，还应使用节约型水具。比如，普通的水龙头用不了多久就会坏掉，或出现跑、冒、滴、漏等问题，浪费大量的水资源，因此，使用节水龙头就非常必要。

节水龙头的内置阀芯采用陶瓷阀芯，有利于节水。水龙头的内置阀芯大多采用钢球阀和陶瓷阀。钢球阀具备坚实耐用的钢球体、顽强的抗耐压能力，但缺点是起密封作用的橡胶圈易损耗，很快就会老化。陶瓷阀本身就具有良好的密封性能，而且采用陶瓷阀芯的龙头，从手感上来说更舒适、顺滑，能达到很高

节水龙头

的耐开启次数，且开启、关闭迅速，解决了跑、冒、滴、漏等问题。

节水龙头安装了起泡器，有利于节水。平日里，你如果注意观察，就会发现高档龙头水流如雾状柔缓舒适，还不会四处飞溅。这些水龙头的秘密武器是加装了起泡器，它可以让流经的水和空气充分混合，让水流有发泡的效果，有了空气的加入，水的冲刷力提高不少，从而可有效减少用水量。

一些公共场所安装了全自动节水龙头，当有人需要使用时，把手伸向水龙头下面，水龙头就会自动打开，手离开后，水龙头则会自动关闭，具有方便、卫生的优点，并且能够实现节水的目的。另外，还有一些比较高

绿色生活

档的节水龙头，加入了自动充电感应功能，可利用出水解决自身所需的电能。这种水龙头内装有电脑板和水力发电机，配有红外线感应器，形成一个完整的系统。将手伸到水龙头下，感应器将信号传入水龙头内的电脑板，开通水源，水流时经水力发电机发电、充电，提供自身所需的电力。这种水龙头还可自动限制水的流量，达到节水、省电的目的。

铜质水龙头，与传统水龙头相比也是节水的能手，正在受到更多人的喜爱。铜质节水龙头的主体由黄铜制成，采用陶瓷密封，外表还镀了一层铬。它具有抗锈蚀、不渗漏、开关行程短（只有90°）等特点，能够很好地控制水流量的大小，起到极佳的节水效果。而且，由于铜的抗压性、强度和韧性都很好，所以采用铜质水管运输公共用水不用担心水龙头有爆裂的危险，这对于冬天气温比较低的地区来说，在很大程度上也是一种节约用水。另外，铜具有很强的杀菌功能。达到标准的饮用水在进入现代城市的公共用水系统，特别是在进入用户供水系统后，水中残余的少量细菌会再次滋生或由于其他污染物的进入，造成二次污染。采用铜质水管，除了其较好的密封性防止了其他污染物的进入外，铜离子强大的杀菌能力也让细菌不能再生。

那么，应该如何挑选节水龙头呢？

1. 仔细看水龙头的外表。水龙头的主体由黄铜、青铜（或铜合金）铸造而成，经磨抛成型后，再经镀铬及其他表面处理。正规的产品主体浇铸及表面处理均有严格的工艺要求，并经过中性盐雾试验，应在相应的时段内无锈蚀。因此挑选水龙头，应"挑剔地"注意其表面，手摸无毛刺，观察无气孔、蚀迹，无氧化斑点，晶莹亮泽，感觉一下镀层厚薄。水龙头的表面镀层有镀锌、镀钛、喷漆等。镀层厚的较好，可用眼观察镀层表面是否光亮。

2. 轻轻转动手柄，是否轻便灵活，有无阻塞滞重感。开关无缝隙、轻松无阻、不打滑的水龙头比较好。劣质的间隙大，受阻感大。

3. 敲击龙头主体，是否声音沉闷，且仔细观察龙头接口，是否为铜体，若敲击时声音清脆，则可能是不锈钢等材质，当然要差一些。看龙头各个零部件，尤其是主要零部件装配是否紧密，好的水龙头的阀体、手柄全部采用黄铜精制，自重较沉，有凝重感。

4. 检查水龙头的各个零部件，观察装配是否紧密有无松动感。一般单手柄混水面盆龙头在出厂时都附有安装尺寸图和使用说明书。在安装使用前应打开商品包装检查合格证等，以免使用"三无"产品。另外，应检查配件是否齐全。

节水龙头的使用不仅可以很好地保护水资源，缓解当前的水危机，并且可以节约生活开支，何乐而不为呢？

第五节　使用节水马桶

老式马桶的用水量大，且容易出现滴漏现象，会造成水的严重浪费。节水马桶，采用了较小的水箱，冲水量减少了，当然就实现了节水的目的。但是，有的人会担心节水型抽水马桶会冲不干净污物，其实这种担心是没有必要的。首先，节水型马桶表面光滑，普遍采用细陶的材质，由于这种陶瓷比以往的陶瓷孔隙率小得多，表面极其光滑，用很少的水就能将陶瓷表面的污物冲洗干净。同时排水道存水弯内壁涂有釉面，这样更容易满足排污的顺畅。其次节水型抽水马桶加大了水流冲洗的力度。以往老式

绿色生活

马桶的冲落方式是水沿着马桶内壁呈曲线状缓缓流入排水口将污物排走，因为水流力量小，经常需要长时间冲洗才能将污物带走，而节水型马桶则先是利用水流的自身重力垂直流到马桶内壁，然后再沿着内壁曲线状流入排水口，这样利用加快水流的速度从而加大水流的冲洗力度，从而能够在短时间内将污物冲洗干净，这样也就达到了节水的效果。

节水马桶是通过对高新科学技术和方法的使用来达到防滴漏的目的的。节水型马桶对陶瓷的材质、造型设计等方面也都提出了新的要求。老式马桶水箱底部毫无例外地都安装了一只用塑料、橡胶等制成的排水阀，用来控制水箱内水量的贮存和排放。这种材质的排水阀经水一泡，就容易起化学反应；而且阀门开关次数频繁，排水阀的弹性材料老化后，一根头发丝卡在排水阀边沿，都可以造成密封不良而漏水。而带有大小二挡排水阀的抽水马桶，排水阀是用高级弹性有机材料制造，耐腐蚀；而且增加了辅助配件，缓解阀门压力；五金件都是使用黄铜或其他硬度更强的金属，不易与周围环境起反应，杜绝了滴漏的可能。

什么样的马桶才是节水型的呢？我国质量认证中心高级工程师尹坚告诉记者，在保证卫生要求、使用功能和排水管道输送能力的条件下，不泄漏，一次冲洗水量不大于6升的便器就是节水便器。而由便器和与其配套使用的水箱及配件、管材、管件、接口和安装施工技术组成，每次冲洗周期的用水量不大于6升，即能将污物冲离

节水马桶

便器存水弯，排入重力排放系统的产品体系就是节水型便器系统。目前，

国家标准化委员会发布的《6升水便器配套系统标准》是国家强制性标准，要求产品每次冲洗周期大便冲洗用水量不大于6升。

选择节水马桶，主要应该做到以下几点：

1. 确定卫生间排水方式。看它是"向下排水"还是"向后排水"。据业内人士称，很多消费者对这个基础知识不了解而盲目选购，结果造成买回去的马桶没有办法安装。一般来说，马桶的排水方式有两种，"向下排水"的，需要了解排污口的中心与墙面的距离；"向后排水"的，需要了解排污口中心与地面的距离。在了解了排水方式之后，才可以确定马桶的大小。

2. 看节水性。国家规定6升以下为环保节水型产品，因此，选择节水马桶的时候，一定不要选择6升以上的产品。随着节水马桶的推行，现在市场上的马桶一般都是符合节水要求的产品。

3. 看性能，要特别注意水封性、防虹吸性、冲洗功能和稀释率。国家标准规定，马桶水封深度为0.5米。若水封不合格，水道中有机废物发酵产生的废气逸出，容易产生环境污染，会降低防臭能力，对健康有害。如果防虹吸不合格，水箱中的水易倒流，造成水质污染。停水时，因为供水管中的负压，虹吸现象更易产生。快速、有力、干净是冲洗性能优秀的判断原则，稀释率是冲洗效果的重要性能指标，反映马桶冲洗能力和污水置换能力。

使用节水马桶，可以解决用水量问题、噪音问题、对水资源的浪费等一系列问题，让我们从实际的行动开始，真正步入环保的新时代。

绿色生活

第六节　使用节水淋浴

人们要经常洗澡，因此淋浴中能够实现节水的话，就会对水资源的节省产生很重要的作用。下面，我们就来看看有哪些节水淋浴的方法吧。

选用节水花洒，是实现节水淋浴的一个突破口。家庭洗澡用的喷头，如果功能比较单一，建议不妨换一个可以调节水流大小及水柱形状的喷头，这样在洗澡时可以随时控制水的流量，达到节水的目的。或者，可以直接换一个节水花洒。花洒的内部放置了起泡器，可以对水流形成压力，使水变密，从而使出水量减少。如果要更高级点的，那就更换一个能掺入空气的增氧花洒。这种花洒只用正常水压的一半，就能产生出足够洗澡用的水流，而且还能产生按摩效果。

节水花洒应用文丘里原理，将水的压力能转化为动力能并吸入空气、使水和空气充分混合、膨化后高速喷出，减少用水量而保持喷洒范围和喷淋力度，高效节水并提高用水舒适度。节水花洒有如下的功能：

节水花洒

1. 实际流量小而喷洒面大，高效节水。

2. 水中氧气含量高，可避免老人小孩及体弱者在淋浴过程中发生缺氧。

3. 富含氧气的水泡在皮肤上破裂时对皮肤有按摩作用。

4. 富氧水对皮肤有保健作用。

其实，浴缸与淋浴配合使用，也可以起到节水的效果。在人们的印象

中，淋浴比浴缸更节水。但从实践来看，装修时安装新型用水量少的浴缸，同时与淋浴配合使用，可以做到一水多用，更好地达到节水的效果。浴缸主要依靠循环水和容积量来节约用水。长度在 1.5 米以下的浴缸，深度虽然比普通浴缸要深，但比普通浴缸节水。而且，符合人体坐姿功能线的设计，不会让水大量流失。由于缸底面积小，比一般浴缸容易站立，特别适合老人和小孩使用。

在浴池这样的公共场所，也可以通过改变供水方法或是安装 IC 卡节水控制器来实现淋浴节水。

有些浴池在设计时，考虑在洗涤时有些人喜欢水温高，有些人喜欢水温低，所以采用双管双温供水，由洗浴者自己调整。但由于水温的调整过程，实际就是改变冷水和热水流量比例的过程，流量的大小和压力有关。当某一水龙头经过反复调整，得到合适温度之后，邻近的水龙头再有人开闭时，压力就会变化，导致刚刚调好的温度随之发生变化，不得不再进行重新调整。就在这反复调整的过程中，有 15% ~20% 的水成为无功用水白白流失。如果一打开阀门即可获得要求的水温，即可省下这些无效使用时间，又可节省无功用水。因此，国家出台了相关的标准，要求公共浴室采用单管恒温式产品来进行供水。用单管恒温供水代替双管双温的供水方式，会起到节水的效果。

IC 卡浴池淋浴节水控制器具有暂停用水超时扣款的功能，提高浴池等用水场地的使用效率。通过显示用水扣款金额、余额，联机运行，按计时计费方式，先扣款后消费，可自由设定扣款计费时间和金额，能够让洗澡的人自觉节水。

超级链接

红外感应淋浴节水器

目前，市面上还出现了一种新型的浴池节水设备——红外感应淋浴节水器。这种节水器替代了"原始"的脚踏阀和手扳阀，指触出水，人离水停，节水节热源可达 50% 以上，彻底解决了公共浴池的淋浴节水问题。此外，居民家中也极为适用。

第七节　使用环保冰箱

冰箱是家庭中的常用电器，我们在使用冰箱为自身的生活带来方便的同时，是否考虑过冰箱的使用也应该注意环保节能呢！

使用环保冰箱，大致有两个含义：一是要使用无氟冰箱，减少氟利昂这样的臭氧破坏性物质的排放，达到环保的目的；二是尽量选择节能冰箱，减少冰箱的耗电量，达到节能的效果。

环保冰箱

有的冰箱的冷冻剂和发泡剂中使用了氟利昂，而氟利昂是一种化学性质非常稳定，且极难被分解、不可燃的物质，科学界认为氟利昂是臭氧层出现空洞的罪魁祸首。氟利昂在使用中被排放到大气后，其自身的稳定性决定它将长时间滞留于此达数十年至 100 年。由于氟利昂不能在对流层中自然消除，只能缓慢地从对流层流向平流层，在那里被强烈的紫外线照射后分解释放出氯原子，氯原子会把臭氧还原成为氧分子。一个氯原子会破坏掉成

百上千个臭氧分子，破坏力巨大。因此，选择使用无氟冰箱，这就从源头上控制了破坏臭氧层物质的排放，达到环保的目的。

我国已于1999年7月1日冻结了氟利昂的生产。2007年7月1日前，除原料和必要用途之外，我国已淘汰其他所有氟利昂的生产和使用，并在2007年9月1日以后禁止销售含这些物质的家电产品。因此，目前市场上的冰箱、冰柜等都已不含氟利昂。

氟利昂

除了考虑无氟环保外，冰箱节电也是非常重要的一点。消费者在选择冰箱时，可以根据粘贴在冰箱上的能效标志来选择适合自己的产品。能效标志突出表明该产品能源消耗量的大小和能效等级。消费者在购买贴有此种标志的产品时，能得到直观的能耗信息和估算日常消费费用，以判断同类型产品中哪些型号能效更高、使用成本更低。能效限定值是国家强制性实施的，目的是淘汰市场中低效劣质的用能产品，节能评价值是推荐性指标，作为企业的一个节能目标，鼓励企业开发和生产高能效产品。另外也比较直观地反映出某一款冰箱的能效等级，即使对深奥的道理不懂的消费者也能一眼就看明白。

2009年5月1日，新修订的《家用电冰箱耗电量限定值及能源效率等

129

绿色生活

级》标准正式实施。标准规定，电冰箱能效级别分成 1、2、3、4、5 五个等级，其中，1 级表示产品达到国际先进水平，最节电；2 级表示比较节电；3 级表示产品的能源效率为市场的平均水平；4 级表示产品能源效率低于市场平均水平；5 级表示耗能高，是市场准入指标，低于该等级要求的产品不允许生产和销售。与原先实行的标准相比，新标准中的能效指标大幅提高。以最常见的具有冷冻冷藏功能的两门家用冰箱为例，能效 1 级标准提高了 27%，能

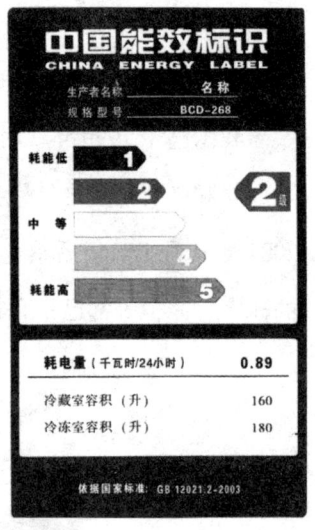

冰箱能效标识

效限定值提高了 20%；与原标准相比，能效限定值提高了 2 个等级，也就是说原标准中的 3 级能效只相当于新标准中的 5 级准入级别。

新标准主要有三个亮点：一是主要考虑不同气候类型产品在系统匹配中存在的差异，增加了气候类型的修正系数 CC，鼓励企业开发适合不同气候地区的产品；二是增加了基准耗电量定义和计算方程，目的是保持比较的基准不变，消费者能直观了解所买产品的能效等级，不会随着标准版本的变化而改变比较基准；三是对 15 升及以上容积且具有冰温区功能的变温间室、容积小于或等于 100 升、容积大于 400 升并带有穿透自动制冰功能等三类电冰箱的耗电量方程进行了修订。

需要特别指出的是，冰箱是否节能不能单看耗电量。冰箱是否节能，除了耗电量，有效容积也是一个非常重要的参考指数。即使在整体容积相同的情况下，比较冰箱的节能效果还要特别考虑冷冻室的容积大小。耗电量相同的两款冰箱，冷冻室越大的冰箱，节能效果越好。例如，一台有效

容积为 200 升、日耗电量为 0.49 千瓦时的冰箱与一台有效容积为 250 升、日耗电量为 0.58 千瓦时的冰箱相比,从标志值上看日耗电量为 0.49 千瓦时的产品更为节能,但综合考虑有效容积后,实际上容积为 250 升、日耗电量为 0.58 千瓦时的冰箱更为节能。

除了要关注冰箱的节能指标,更要关注冰箱的冻力效果,提防那些抓节能、轻冻力的产品。制冷剂和压缩机是一台冰箱制冷的根本核心,因此选购时消费者一定要关注这一部分的内容。采用高效制冷剂和高效压缩机不但能达到良好的冷冻效果,也能达到良好的节能效果。消费者应谨防某些商家为了刻意追求超低耗电量,以降低冷冻能力、减少冷冻室容积、缩小冰箱使用温度区间等方式,即通过牺牲或削弱冰箱的制冷效果,来达到表面化的低耗电量。

此外,冷冻保鲜效果也是消费者不可忽视的一个重要因素。对于消费者而言,冰箱的冷冻保鲜功能是其购买的最终目的,冰箱中发黄的水果、干瘪的蔬菜是消费者所不愿意看到的。因此,消费者在选择冰箱时,更应该关注产品的保鲜功能。

消费者在经过对节能冷冻技术、保鲜效果、有效容积等指标进行理性判断后,一定可以找到一台既省电、省钱,又具有良好性能的节能冰箱。

第八节　使用节能空调

长期以来,消费者购买空调时最关注的是空调的购买价格,即初次费用,而忽略了运行使用费用。实际上,消费者拥有一台空调所需的费用分为初期投资(购买成本)和运行费用(电费)两部分。

绿色生活

消费者应该综合考虑两部分的费用情况来选择适合自己的空调。需要注意的是，较低的价格可能伴随着品质的降低（包括效率），一味追求较低的初次投资并不合理。事实上，购买效率较高的空调尽管价格较高，但可从较低的运行费用中得

卖场中各种式样的空调

到补偿。从整体上来说，从较低的运行费用上获得的经济收益远大于购买节能空调的成本增加。消费者将因此获得较大的经济收益。另外，由于电力紧张形势的加剧，居民生活用电的价格不断上升，电价的提高必将导致空调的运行费用增加，所占总费用的比例也随之增加。在这种情况下，消费者选购、使用节能空调所获得经济收益也将越大。而变频空调就要比普通空调更为节能。

变频空调是在普通空调的基础上选用了变频专用压缩机，增加了变频控制系统。它的基本结构和制冷原理和普通空调完全相同。变频空调的主机是自动进行无级变速的，它可以根据房间的情况自动提供所需的冷（热）量；当室内温度达到期望值后，空调主机则以能够准确保持这一温度的恒定速度运转，实现"不停机运转"，从而保证环境温度的稳定。

变频空调采用了比较先进的技术，启动时电压较小，可在低电压和低温度条件下启动，这对于某些地区由于电压不稳定或冬天室内温度较低而空调难以启动的情况，有一定的改善作用。由于实现了压缩机的无级变速，它也可以适应更大面积的制冷制热需求。

变频空调是与传统的"定频空调"相比较而产生的概念。我国的电网

电压为 220 伏、50 赫兹，在这种条件下工作的空调称之为"定频空调"。由于供电频率不能改变，传统的定频空调的压缩机转速基本不变，依靠其不断地"开、停"压缩机来调整室内温度，其一开一停之间容易造成室温忽冷忽热，并消耗较多电能。而与之相比，"变频空调"的变频器改变压缩机供电频率，调节压缩机转速。依靠压缩机转速的快慢达到控制室温的目的，室温波动小、电能消耗少，其舒适度大大提高。而运用变频控制技术的变频空调，可根据环境温度自动

变频空调

选择制热、制冷和除湿运转方式，使居室在短时间内迅速达到所需要的温度，并在低转速、低能耗状态下以较小的温差波动，实现了快速、节能和舒适控温效果。

供电频率高，压缩机转速快，空调制冷（热）量就大；而当供电频率较低时，空调制冷（热）量就小。这就是所谓"定频"的原理。变频空调的核心是它的变频器，变频器是 20 世纪 80 年代问世的一种高新技术，它通过对电流的转换来实现电动机运转频率的自动调节，把 50 赫兹的固定电网频率改为 30 ~ 130 赫兹的变化频率，使空调完成了一个新革命。同时，还使电源电压范围达到 142 ~ 270 伏，彻底解决了由于电网电压的不稳定而造成空调不能正常工作的难题。

变频空调每次开始使用时，通常是让空调以最大功率、最大风量进行制热或制冷，迅速接近所设定的温度。由于变频空调通过提高压缩机工作

133

绿色生活

频率的方式，增大了在低温时的制热能力，最大制热量可达到同级别空调的 1.5 倍，低温下仍能保持良好的制热效果。

此外，一般的分体机只有四档风速可供调节，而变频空调的室内风机自动运行时，转速会随压缩机的工作频率在 12 档风速范围内变化，由于风机的转速与空调的能力配合较为合理，实现了低噪音的宁静运行。当空调高功率运转，迅速接近所设定的温度后，压缩机便在低转速、低能耗状态运转，仅以所需的功率维持设定的温度。这样不但温度稳定，还避免了压缩机频繁地开开停停所造成的对寿命的衰减，而且耗电量大大下降，实现了高效节能。

第九节　垃圾科学处理

近年来，人们生活中产生的垃圾越来越多。垃圾的大量堆积使得环境问题日益严重，如何科学合理地处置生活垃圾，并把它们转化为可供人类利用的资源，越来越引起人们的重视。

可以说，垃圾混置是废物，垃圾分类是资源。垃圾资源化，首先要进行垃圾分类。根据我国生活垃圾的成分和特点，垃圾分类收集应该分步实施，包括厨余类有机垃圾的分类回收、包装垃圾特别是塑料包装垃圾的分类回收和家庭有毒有害垃圾等的分类回收。

西方发达国家的垃圾处理原则为：首先是尽可能进行回收利用；其次是尽可能对可生物降解的有机物进行堆肥处理；再次是尽可能地对可燃物进行焚烧处理；最后是对不能进行其他处理的垃圾进行填埋处理。这里"尽可能"的含义就是以经济条件许可为前提，这个垃圾处理对策同样适合我国生活垃圾处理的发展要求。

与美国和欧洲相比，我国生活垃圾中废纸、金属、玻璃等含量比较低，这也从侧面说明我国废纸、金属、玻璃等回收状况是比较好的。例如，我国生活垃圾中废纸含量一般在5%～10%，这还是生活垃圾湿态分析结果，实际上，生活垃圾中的废纸量还要低一些。另外，我国的厨余类垃圾成分占有较大比例。这与我国饮食特点及生活水平密切相关，也是造成我国许多地区生活垃圾水分高、热值低的重要原因。但从另一方面也可以看出，即使在分类收集实施比较好的发达国家，在其剩余垃圾中仍然含有20%～30%可生物降解的有机垃圾。与发达国家剩余垃圾相比，塑料类垃圾含量比例接近，在各塑料类垃圾中，各种塑料包装物占有较大比例。

通过对比可以看出，我国生活垃圾分类收集着眼点，应该体现在以下3个方面：厨余类有机垃圾的分类回收、包装垃圾特别是塑料包装垃圾的分类回收和家庭有毒有害垃圾等的分类回收。

首先，应建立包装垃圾，包括废纸等材料的分类收集。可以利用现在废品收集形式，但要结合资源回收需要和垃圾处理要求来调控，使一些回收参与者的收益得到保证，而且应使一些没有利润或利润很低的废品，如废纸、废塑料袋等回收参与者的收益得到保证。这里的经济补贴可有两个来源：一个是借鉴德国的经验，通过向包装产品生产者收取包装垃圾处理费；另一个是向居

分理出来的纸制品垃圾

民收取生活垃圾费。居民将自己收集的各类包装垃圾，出售给废品收集站，并得到一定的经济补偿，这在一定程度上体现了对分类回收的经济补

绿色生活

偿，从而促进居民自觉进行分类收集。此外，通过提高生活垃圾收费也可以作为一个回收经费补偿来源。居民按要求对部分垃圾进行了分类收集，就可以从卖废品中获得相应的收益。

其次，政府应建立家庭有毒有害垃圾以及电子垃圾等分类收集系统。这些垃圾并不是每天都产生，但如果不进行分类收集，而混入生活垃圾系统，对生活垃圾处理的影响和环境的危害都是十分明显的。这方面也需要政府从生产者着手，建立连接销售方和消费者的回收网络，采用押金制度是较好的选择。

除了要对生活垃圾进行科学合理的处理，人们也应该在减少垃圾产生上做出努力。比如传统的塑料薄膜在土壤中需几百年才能降解，严重污染了土壤，如果能生产一种废弃后短时间内即可降解的塑料，就能从根本上解决问题。又如电脑，由于其更新周期很快，世界上已经有几千万台废弃的电脑整机，它有塑料外壳、玻璃显示器和金属面板等主要部分，既不能回收又不能焚烧，已成为垃圾的公害。解决这一问题的最好方法是生产大部分元件和材料可以回收利用的绿色电脑。

第十节　污水科学处理

工农业生产和人们的日常生活，都会产生污水。如果不对这些污水进行科学处理，就会对水体、土壤造成污染，进而产生一系列的危害。

随着人们生活水平的日益提高，人们对环境质量也提出了越来越高的要求。迫于环境的压力，各地在政府相关政策的号召下，也都纷纷建设污水处理厂，在科学工作者和环保工作者的努力下，新的污水处理工艺不断

涌现。

污水处理的方法一般分为物理法、化学法、物理化学法和生物法4种。

物理法是利用物理作用除去污水的漂浮物、悬浮物和油污等，在处理过程中不改变污染物的化学性质，同时从废水中回收有用物质的一种简单水处理法。常用于水处理的物理方法有重力分离、过滤、蒸发结晶和物理调节等方法。重力分离法指利用污水中泥沙、悬浮固体和油

滚滚的污水

类等在重力作用下与水分离的特性，经过自然沉降，将污水中比重较大的悬浮物除去。离心分离法指在机械高速旋转的离心作用下，把不同质量的悬浮物或乳化油通过不同出口分别引流出来，进行回收。过滤法是用石英沙、筛网、尼龙布、隔栅等做过滤介质，对悬浮物进行截留。蒸发结晶法是加热使污水中的水气化，固体物得到浓缩结晶。磁力分离法是利用磁场力的作用，快速除去废水中难于分离的细小悬浮物和胶体，如油、重金属离子、藻类、细菌、病毒等污染物质。

化学法就是使有毒、有害废水转为无毒无害水或低毒水的一种方法，主要有酸碱中和法、凝聚法、化学沉淀法、氧化还原法等。酸碱中和法是指采用加碱性物质处理酸性废水，加酸性物质处理碱性废水，让两者中和后，加以过滤可将废水基本净化。凝聚

物理法水处理系统

法指将污水中加入明矾，充分搅拌，使带电荷的胶体离子沉淀下来。化学

沉淀法是在废水中加入化学沉淀剂，使之与废水中的重金属污染物发生反应，以生成难溶的固体物而沉淀。氧化还原法是加入化学氧化剂或还原剂，有选择地改变废水中有毒物质的性质，使之变成无毒或微毒的物质；电化学法是利用电解槽的化学反应，处理废水中污染物质的一种技术，包括电解氧化还原、电解凝聚等不同的过程。

物理化学法是利用物理化学作用去除废水中的污染物质，主要有吸附法、离子交换法、膜分离法、萃取法等。吸附法是指向废水中投入活性炭等吸附剂，利用其物理吸附、化学吸附、氧化、催化氧化和还原等性能去除废水中多种污染物的方法。离子交换法是借助于离子交换剂中的交换离子同废水中的离子进行交换而去除废水中有害离子的方法。膜分离法是利用离子交换膜、半透膜的选择透过性，对污水中的溶质或微粒进行分离或浓缩的方法的统称。萃取法是利用溶质在互不相溶的溶剂里溶解度的不同，用一种溶剂把溶质从另一溶剂所组成的溶液里提取出来的操作方法。

生物法是利用微生物分解有机污染物以净化污水。未经处理即被排放的废水，流经一段距离后会逐渐变清，臭气消失，这种现象是水体的自然净化。水中的微生物起着清洁污水的作用，它们以水体中的有机污染物作为自己的营养食料，通过吸附、吸收、氧化、分解等过程，把有机物变成简单的无机物，既满足了微生物本身繁殖和生命活动的需要，又净化了污水。菌类、藻类和原生动物等微生物，具有很强的吸附、氧化、分解有机污染物的能力。生物法是废水中应用最久最广且相当有效的一种方法，特别适用于处理有机污水。

第六章

循环利用 减少浪费和污染

绿色生活

　　随着生活节奏的加快，人们消费水平的提高，一次性物品逐渐成为人们生活中的"必需品"。人们在享受方便、快捷的同时，一次性筷子、一次性餐盒、塑料袋等物品的垃圾排放量不断增长。加之不合理的消费及不良的生活习惯的产生，大量的旧物直接被弃之垃圾堆，废物的大量排放造成严重的环境污染。

　　环境污染会对生态系统造成直接的破坏和影响，如沙漠化、水土流失、水污染、土地污染、森林被大量砍伐，也会给生态系统和人类社会造成间接的危害，有时这种间接的危害更大，也更难消除。例如，温室效应、酸雨和臭氧层破坏就是由大气污染衍生出的环境效应。当然，环境污染的最直接、最容易被人所感受的后果是，使人类的生存环境遭到破坏，影响人类的生活质量、身体健康和正常的生产活动。

　　挽救人类的生存环境、避免污染，应从人们的日常生活中得到"纠正"。如，拒绝使用一次性用品，就餐时自备餐盒和筷子，购物时背起环保包，随身携带手帕减少纸巾的使用量，使物品进行合理的循环使用；对待仍有使用价值的旧物，可以通过旧物改造、旧物捐赠、以物易物等措施，达到物品的再使用，最大限度地节约能源、避免污染。

第一节　加入"筷乐一族"

　　随着经济的飞速发展，生活节奏的加快，省时间的方式被人们发挥到了极致，一次性筷子极快地进入了我们的生活。许多餐馆为人们提供一次性筷子，用完就扔，方便快捷，免洗省时。

一次性筷子是用杨木、桦木、毛竹制成的，而且大多以原木形式加工而成，并非用边角废料制成。我国每年消耗的一次性筷子大约有450亿双，做这些一次性筷子需要砍伐大约2500万棵大树。据有关数据显示，我国人均森林覆盖率仅为

使用一次性筷子就是在毁坏森林

0.08公顷，全球排名第134位，每日生产的即弃筷子，足以把面积达44万平方米的广场铺满。

据调查，全国有上千家企业生产一次性筷子，年消耗木资源近500万立方米。全国林木年采伐量约4700万立方米，这些筷子就占了10.5%。生产筷子的过程中，从圆木到木块再到成品，木材的有效利用率有60%。在付出了破坏环境的巨大代价后，一次性筷子还能带给我们什么呢？

受经济利益的驱使，许多小作坊为了降低成本，使用劣质木材，经过化学药剂的加工处理使其"改头换面"，最终堂而皇之地登上餐桌。一般来说，小作坊制作筷子有固态和液态两种制作加工方法。

固态的制作加工方法是通过硫黄的熏蒸漂白。经过硫黄气体漂白的筷子，其二氧化硫会严重超标，而二氧化硫的特性之一就是遇冷会凝固。因此，人们用这种筷子进餐时，二氧化硫会随着空气的流动凝

小作坊的一次性筷子的制作

固至呼吸道，侵蚀呼吸黏膜，经常使用这种筷子，会罹患咳嗽、哮喘等呼

141

绿色生活

吸道疾病。另外，硫黄中还含有铅、汞等重金属。重金属在人体内长时间的累积会造成铅中毒或汞中毒。

液态的制作加工方法是通过氯气或双氧水漂白。氯气对人体的危害主要表现在对上呼吸道黏膜的强烈刺激，可引起呼吸道烧伤，急性肺水肿等，从而引发肺和心脏功能急性衰竭。双氧水有很强的氧化性和腐蚀性，会对口腔、食道，甚至肠胃造成腐蚀，可加速人体的衰老、使人体的抵抗力下降，并会导致或加重白内障等眼部疾病。

由此，人们可能认为竹筷子会好些，其实不然。为了去除竹筷子的毛刺，令其光滑、白皙，加工者通常会将其放入滑石粉中，通过摩擦对筷子进行加工，滑石粉容易增加人体患胆结石的几率。

到目前为止，我国对一次性筷子仍没有出台具体的卫生检验标准。经过消毒的一次性筷子的保质期最长为 4 个月，一旦过了保质期则很可能带上黄色葡萄球菌、大肠杆菌及肝炎病毒等。另外，它的储运中伴随着难于避免的污染，而其作用，显然是不清洁和浪费。

因此，一次性筷子所谓的"卫生筷"、"方便筷"的称号值得人们反思了。有关数据显示，一株生长了 20 年的大树，仅能制成 6000～8000 双筷子。我国每年生产和丢弃的一次性筷子达 450 多亿双，需要砍伐的树木多达 2500 万棵。我国每年生产的一次性筷子中有一半出口到日、韩等国。然而我国森林覆盖率不足日本的 1/4，日本人发明了一次性筷子，却不用自己国家的森林生产，而且用过的筷子回收用于造纸等。相对于日本来说，我国对一次性筷子的制作、出口值得反思了。

142

一次性筷子所能带来的只是芝麻小利，由于国内外对一次性筷子的大量需求，导致我国大片的树木被砍伐，使得水土流失严重，泥石流易发，大批的人无家可归，不计其数的家园遭到了破坏，无数的良田被洪水淹没……

随着时代的发展，人们开始重视自己的生存环境，有识之士倡导的环保理念也开始被普通大众所接受和认识。作为最早使用筷子的母国——中国，一些人开始了这场改变用餐习惯的革命，无论是户外野营还是到饭店就餐，他们都开始使用自备的筷子，并自称为"筷乐一族"。自带筷子既环保又放心卫生，因为许多餐馆就算不是一次性筷子，也难以保证他们对反复使用的木筷子、竹筷子进行了彻底的消毒。为了自身和家人的健康，随身带着筷子吧。

由于传统的木筷子太长不好随身携带，目前市面上出现了一种可折叠、可伸缩的金属筷子，其所配备的容纳盒体积小巧、携带方便，这种筷子开始被越来越多的人所认可和使用。如今，自带筷子的"筷乐一族"被人们所推崇。相信在不远的将来，人

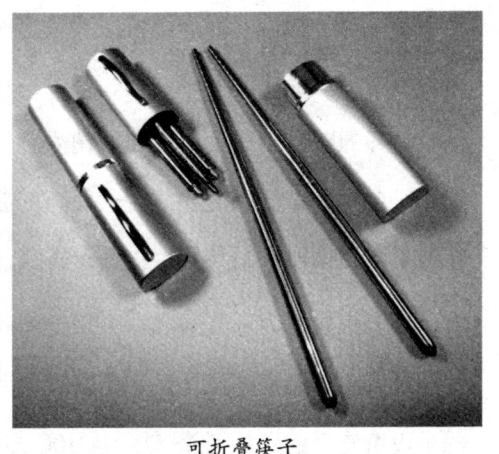

可折叠筷子

们在饭店或野外就餐，都会使用这种新型的金属筷子。

为了挽救全人类的生存环境，我们每个人都应从身边的点滴做起，在叫外卖的时候多说一句"不要送筷子"，习惯成了自然，你就成为"筷乐一族"了。

第二节　自备餐盒

除了一次性筷子的广泛应用，与之配套的一次性餐盒也逃不脱人们的宠爱。无论是出外聚餐还是在餐厅用餐，人们往往以为其既方便又卫生。殊不知，一次性餐盒由于其选用的原料、制造过程中的添加物，以及在废弃后都对环境造成了巨大的污染。

从某种程度上来说，一次性白色快餐盒是"白色污染"的主要祸根之一。"白色污染"是对于废弃塑料造成的环境污染的形象说法。塑料是高分子聚合物，不易降解，主要危害有：破坏市容环境，是造成环境脏、乱、差的一个重要原因；遗弃的餐盒会成为蚊蝇和细菌生存、繁殖的温床，会对人体健康造成危害；废弃的餐盒散落在河里会污染河水，导致生物感染病菌、死亡。

令人触目惊心的"白色污染"

许多小餐馆为了节约成本，毫无例外地全部使用发泡餐盒。一些店里甚至没有准备碗盘等餐具，凡是来吃饭的都用一次性餐盒。一天下来，有的小饭馆使用的一次性餐盒竟达 100 多个。大酒楼平均每月要使用大约 5000 个一次性发泡塑料餐盒，而且据透露，他们一般不需要自己采购餐盒，会有销售员上门联系出售。全国铁路列车餐车上一年消耗 8 亿多个快餐盒。加上其他方面的应用，一次性餐盒的市场占有率更高，这些餐盒的归宿绝大部分都是填埋。由于其短时间内无法降解，会对土壤、水造成污染，进而影响农作物的生长、危害人们的健康。

　　另外，不要用一次性餐盒进行微波加热，这样会导致餐盒中的一些助剂进入到食物中，污染食物，对人体健康造成危害。

　　一般来说，常用的餐盒主要有以下几种：

一次性发泡餐盒

　　一次性发泡餐盒在餐饮市场上是屡见不鲜的。一些商贩贪图其价格的低廉，仍旧贩卖或使用。一次性发泡餐盒的主要成分是聚苯乙烯，由于其无法分解，这些塑料就算填埋后也会长期留在土壤中。关于其

一次性发泡餐盒

对人体的危害，有研究人员认为，其制品中的游离单体苯乙烯若受热释放随食物进入人体，对中枢神经、肾脏、肝脏都有一定的损伤，甚至致癌，因此若长期使用会增加患病危险。

　　如今市面上有些劣质餐具，在生产时加入了大量的滑石粉、工业石蜡，这些是有毒的。根据调查，劣质餐具大概占到市场的1/4。

纸质餐盒

　　有些餐馆采用的是纸质餐盒。虽说纸质材料可回收利用，但是造纸所采用的原料，造纸过程中的能源损耗、排放的大量废水会对环境造成污染。并且纸质餐盒存在不耐热、易变形、易霉变的问题，从某种意义上来说，纸质餐盒也不环保。

"半降解"塑料餐盒

　　国内最常见的是"半降解"塑料餐盒，就是在餐盒的制作过程中加入淀粉。最终淀粉部分降解了，塑料部分仍在。这种餐具只能分裂成小块，

145

土壤中会留下星星点点的塑料颗粒，还是不环保。

可降解餐盒

还有一种是生物降解材料，这种餐盒是用玉米、土豆发酵，再浓缩聚合成聚乳酸来制造的。这种可降解餐盒质量最好、污染最小，是最理想的替代品。

虽然有了理想的替代品，聚苯乙烯的一次性发泡餐盒还是屡禁不止。主要有两个原因：一是价格原因，二是产量原因。聚乳酸材料比聚苯乙烯贵几倍，用来做餐盒，许多群众和商家不能接受。另外，聚乳酸产量还不大，可以说是供不应求。目前，国内的聚乳酸塑料大部分都用在制作人工骨骼或者医用胶囊等高端产品上，用来做餐盒的很少。

在可降解餐盒的制作过程中，都是需要加入助剂的，例如耐水剂、成型剂、上胶剂等。标准的餐盒应该选取无毒、无任何副作用的化学助剂。然而有些商家为牟利，以次充好，在生产过程中加入大量的碳酸钙、石蜡等工业物质，以此达到"相同的效用"，这样做成本价格上是降低了，但是却对人体健康存在一定的威胁。

我们平时应少用、慎用一次性餐盒，其实最好是自备餐盒，这样既卫生又经济。无论是上班族还是学生，自带餐盒就餐，既可以节约宝贵的资源，又能减少垃圾的产生。

超级链接

学会看餐盒质量

如果由于情况特殊，非用餐盒不可时，则尽量选择可降解餐盒。可降解餐盒可从以下几点进行识别：

◎颜色。大多数人认为白色的餐盒才是干净的、卫生的，其实可降解餐盒却不是人们想象的这样。可降解餐盒选用纸或植物为原材料进行制作，原料本身的颜色都不是白色的，比如淀粉制成的餐盒就会发灰，其他的餐盒颜色也稍深。一些合格餐盒也可能为了加强美观性，在后期制作过程中加入了可食用的助剂，这样的成本就更高了。

◎气味。可降解餐盒本身是没有气味的，一些劣质餐盒会带有刺鼻的气味，这是由于其在加工过程中加入了有害的化学试剂或工业添加剂。

◎质地。可降解餐盒本身带有一定的"韧性"，不会特别脆，一捅就破，它应该具有较高的强度。

第三节　背起环保包

塑料袋是日常购物最普遍的包装物，但也是白色污染的主要构成。人们为了方便，对塑料袋的运用当然是免不了的。从食品到日常用品，从一个小东西占一个大袋子到两层袋子并用，塑料袋的数量与日俱增。大多数塑料袋从超市或农贸市场到居民家中后，就沦为了垃圾袋，或是被直接扔到垃圾堆里，并没有进行充分的回收利用。

有关数据显示，每个塑料袋的自然分解需要 200 年以上，即使是可降解的塑料袋，最终也同样会污染周围的土地和水质，它们的区别仅仅是分解速度的不同。如果进行燃烧处理，则会释放出大量有害人体健康的气体。

"彩色"垃圾袋

147

绿色生活

从 2008 年 6 月 1 日开始实行"限塑令"，其成效有目共睹，超市塑料袋的使用量大幅下降，拎着环保包逛超市的市民越来越多。多数超市、商场已开始对塑料袋进行收费，但在一些早市、菜摊，商贩们为了把菜卖出去，依然免费提供塑料袋。

如今，市场上使用的红、黑、蓝等深色塑料袋，大都是用回收的废旧塑料制品重新加工而成的，不能装食品。据专家介绍，这些再生塑料袋绝大多数是小型企业或家庭作坊生产的，有相当数量是利用收捡的废旧塑料、废弃物和医疗机构丢弃的塑料垃圾回收加工的，未经消毒处理，含有严重超标的病菌和致癌物。塑料袋的泛滥造成多种浪费，既增加了超市的运营成本，也增加了处理这些塑料垃圾的成本。然而，有一小部分人为了一时的方便，仍旧乐此不疲地用着。

许多市民购物时自觉拎起了环保包

超级链接

如何鉴别塑料袋有无毒性

生活中，某些食品还是会用塑料袋进行包装的，如散装零食、熟食等。那么，我们如何鉴别塑料袋有无毒性呢？这里介绍了几个方法可供参照。

观察检测法：无毒的塑料袋呈乳白色、半透明，或无色透明，手摸时有润滑感；有毒的塑料袋颜色混浊，手感发黏。

抖动检测法：抓住塑料袋的一端用力抖，发出清脆声者无毒；声音闷涩者有毒。

火烧检测法：无毒的塑料袋易燃，火焰呈蓝色，燃烧时像蜡烛泪一样滴落，有石蜡味；有毒的塑料袋不易燃，离火即熄灭，且会发出刺激性气味。

水检测法：把塑料袋置于水中，并按入水底，无毒塑料袋可浮出水面，有毒塑料袋不会上浮。

塑料袋的危害主要有：

首先，影响农业发展。废塑料袋混在土壤中，累积到一定程度时，会影响农作物吸收养分和水分，导致农作物减产。

其次，会对动物生存构成威胁。抛弃在陆地上或水中的废塑料袋，如被动物当做食物吞入，会导致动物死亡。据报道，青海湖畔曾有20户牧民的近千只羊因此致死，经济损失约30多万元。因为羊喜欢吃塑料袋中夹裹着的油性残留物，却常常会连塑料袋一起吃下去，由于塑料袋长时间滞留在胃中难以消化，这些羊的胃被挤满了，再也不能吃东西，最后只能活活饿死。这样的事在牧区、动物园、海洋中屡见不鲜。

再次，废塑料随垃圾填埋不仅会占用大量土地，而且被占用的土地长期得不到恢复，影响土地的可持续利用。

最后，塑料袋以石油为原料，会消耗大量的资源。

值得注意的是，塑料袋本身会释放出有害气体。特别是熟食用塑料袋包装后，常常会变质。变质的食品对儿童健康发育的影响尤为突出。

为了自身和家人的健康，更好地保护环境，背起环保包是不错的选择。环保包有两层含义：一是包的材料来自天然或是可降解的有机纤维；

149

绿色生活

二是一个包可代替日常购物消耗的不计其数的塑料袋，达到环保的效果。

在环保包中，布制材料极为流行。布制环保包使用方便、舒适，而且容易清洗，对爱美的人士来说，也极易搭配衣服。如今，除了市面上价格低廉的环保包可供选择外，许多热心于 DIY 的心灵手巧者也制作出了别具特色的环保包。另外，随着环境保护运动的全球性扩展，时尚界也有了不小的举动，许多大设计师的手笔让全球的粉丝疯狂抢购，他们让环保包成为 T 台上最受瞩目的新的流行元素。

布包进行休闲服饰搭配也很得体

让我们都背起环保包，做一个真真切切的环保人士。

第四节　手帕重返掌心

各式各样的手帕曾是人们普遍使用的。不知不觉间，手帕从我们的口袋中消失了，渐渐淡出了人们的视野，各色各样的纸巾在功能上全面取代了手帕，成为人们日常生活中的必备物品。

纸巾用过即扔，随着纸巾使用的"泛滥"，其带来的危害是显而易见的。首先，浪费纸张等于加入了砍伐森林的行列。据统计，生产 1 吨纸需砍伐 17 棵生长 10 年的大树，我国的森林覆盖率还不到 17%，而我国森林在 10 年间已锐减了 23%，可伐蓄积量减少了 50%，已接近生态崩溃的边缘。如今，超市所售的纸巾，看看包装上所注的成分，均为"100% 原生木浆"或"100% 天然木浆"。其次，污染环境。造纸厂的污水排放到江河中，会污染水源，影响水生

物的生长。为此，国家每年都要花大量的财力进行治理。再次，废弃的纸巾往往被随意丢弃，同时也难以回收，带来二次污染。

总之，方便、省事的纸巾取代手绢的同时，能源浪费、二次污染及卫生隐患也接踵而来。其中不可忽视的是，洁白的纸巾中含有荧光增白剂。荧光增白剂中含有一种可致癌的复合有机化合物，对人体健康有很大危害。一般造纸厂用氯做漂白剂，生产过程中的一系列化学反应所产生的二氧基类化合物是仅次于钚的烈性毒物，会导致机体罹患肝癌。

既然使用纸巾有如此多的坏处，而我们又有现成手帕可用，为什么不让手帕重返掌心呢？

虽说纸巾是从国外引进的，但是日本、欧美等国家在商业繁华地段均有设计近百平方米的手帕专柜，方便人们购买使用。

在我国，由于很长一段时间内人们对手帕不再"宠爱"，国内的手帕厂纷纷倒闭、转让、改产（有的向礼品等方面发展，且价格不菲），如今仅剩下数十家。人们擦汗、擦手都一律用纸巾，用过即扔。然而在日本，人们仍习惯用手帕擦汗、擦手。

随着环境的恶化，一些有识之士率先觉醒，在减少纸巾用量等方面树立了榜样。据有关报道，许多知名人士都是随时带着手帕。

中国工程院院士、中华医学会会长钟南山呼吁："广用手帕，少用纸巾，促进人类与自然的和谐。"为人们重新重视手帕进行了思想意识上的引导。此后，许多人加入到使用手帕的行列中来。

美国前任总统小布什曾被记者做突然采访：

钟南山院士的使用
手帕的呼吁文

151

绿色生活

"你的裤兜里有什么?"小布什随即将手插进裤兜里找,仅从裤兜里拿出一块白色手帕。为表示没有任何的隐瞒,他索性将两个裤兜反翻出来给记者看。他连连说:"就这样了。没有钱。没有钱包。"他的父亲老布什曾在2008年北京奥运会上用自己的手帕为美国女子佩剑冠军擦泪,并将手帕送给了她。

在欧洲国家,手绢是绅士和淑女的象征,并逐渐成为了"绿色时尚"的标志。作为纺织品生产大国,我国应该从人口众多的现实问题考虑,更加充分利用这一资源,重视使用手绢这一好习惯,并让它成为文明的象征。使用手帕除了减少纸巾的消耗,节约资源外,还具有以下几个方面的优点:手帕大多是棉质的,吸水性强,用其擦汗、擦手方便、舒适;手帕体积小、携带方便;节约开支。比起用过即扔的纸巾来说,手帕价格便宜,可多次反复使用。

老布什与运动员合影

让手帕重返掌心,因为使用一次手帕,就能少一次纸巾消耗;不去消耗纸巾,就意味着少砍伐树木;不去砍伐树木,就可以保护动物的栖息地……由此带来的一系列"节约"对人类的生存环境而言就是时时保护、滴滴贡献。

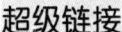

超级链接

手帕行动

2008 年，第 21 届东京电影节的主题为"生态学"。在电影节期间，传统的红地毯被象征环保的绿地毯替代，嘉宾们也纷纷将西服上衣口袋的手帕换成了绿色。

在 2009 年"世博会城市之星"全国选拔的主题晚会上，北京节能环保义务宣传员、演员濮存昕拿出自己的手帕，并号召大家"多用手帕，少用纸巾"。

在陕西省举行的"小手拉大手"系列活动中，"多用手帕少用纸"被列入"节能环保十小事"之中。在许多少先队员和志愿者的带动下，越来越多的人加入到环保行列中。

第五节　拒绝一次性用品

不知从何时起，一次性用品越来越受到人们的青睐，除了一次性餐盒、筷子、纸巾外，市场上还出现了一次性纸杯、一次性牙刷、一次性签字笔、一次性相机、一次性袜子、一次性皮鞋等等，一次性用品的队伍越来越长。人们在享受一次性用品带来的便捷时，却无法逃脱大量资源的浪费与垃圾的堆积，不能忽视无穷的后患。

在此，我们着重对人们日常生活中最常用的一次性用品进行详细的讲解，帮助读者揭开所谓的一次性用品的真实面目。

一次性纸杯

如今，一次性纸杯似乎成了生活的必备品。无论是家里待客还是在外

153

绿色生活

就餐，人们都乐于紧握"卫生的"一次性纸杯。其实，所谓的卫生大多并不卫生。据有关资料显示，市面上许多纸杯都采用再生聚乙烯进行生产，再生聚乙烯在再加工过程中会发生裂解反应，产生出许多有害化合物，有害物质则会在

供应一次性纸杯的原纸

使用中向水中转移。另外，一次性纸杯中的一层压膜，很难降解，大量纸杯的丢弃会对环境造成污染，进而影响人们的日常生活。

一次性笔

如今，用钢笔的人越来越少了，绝大多数人都惯于使用一次性签字笔。与钢笔相比，签字笔确实给人们带来了方便，但由于签字笔的笔芯是由颜料、填料、连接料、附加料等组成的油墨，其中含有挥发性物质、浮脂等污染物，其中的塑料降解时间至少需要200年。这种笔用完了笔芯里的墨水，一般不能补充墨水重复

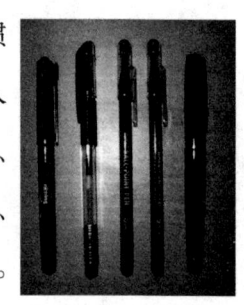

一次性笔

使用，只能废弃，浪费很大。由于我国人口众多，签字笔丢弃后对土壤和水质造成的污染可想而知。一次性签字笔看似便宜，其实长久的使用费用加起来要远远高于普通钢笔和墨水的费用。改变用笔习惯，从自身做起，那么环境的改善也就变得更加容易。

宾馆的"六小件"

多数宾馆旅店免费为旅客提供一次性用品，包括牙膏、牙刷、拖鞋、沐浴液、洗头液、梳子等，俗称"六小件"。据了解，宾馆的一次性牙膏、牙刷等一套日用品，重量不到150克，但是浪费极其惊人。尤其是一次性

香皂，客人入住一天最多只使用 1/4，剩下的就连同包装一起扔掉了，第二天再换新的。其他物品也是一样，扔了的确非常可惜。据有关部门统计，500 家宾馆每年丢弃"六小件"的垃圾总重量约为 2000 吨。处置这些垃圾，环卫部门每年要投入近百万

宾馆的一次性拖鞋

元。由于其中大多以塑料为原料，填埋到土壤中后很难被降解，成了城市中的新污染源。

但值得注意的是，世界上许多国家和地区使用一次性用品的数量都呈下降趋势。许多餐馆都在使用反复消毒的常用玻璃杯，一次性纸杯踪影难觅。许多地区的人依旧握着钢笔奋笔疾书，并且钢笔的设计出现了许多新花样。许多大城市的酒店没有拖鞋、牙刷、牙膏等这些一次性日用品，这些东西只能顾客自带……而作为人均资源相对贫乏的中国，不仅是一次性日用品的消费大国，同时也是生产和出口大国，这使得资源不足的矛盾进一步加剧。

"勿以善小而不为，勿以恶小而为之。"看似不起眼的一件件一次性用品，其对资源的浪费、对环境的破坏程度足以让国人触目惊心。要建设节约型社会，减少或取消一次性用品的使用是大势所趋。为了国家的繁荣昌盛，不但要靠相关政策的制定来保护有限的资源，个人更要奉行勤俭节约的传统美德，增强环保的责任感和使命感，从自觉拒绝使用每一件一次性用品做起。

第六节　旧物改造

随着时间的一步步滑进，许多物品变得落伍，许多人面对过时的物品（一般难以用坏、穿坏）——扔了舍不得，放着又占地方。加之许多热衷于采购的人士的疯狂行为，许多东西可能还没用就不知不觉落伍了。面对大量的堆积物，我们可以动脑筋将其加以改造，这样既延长了物品的使用寿命，又会节约一部分开支，何乐而不为呢？

一般而言，根据物品的客观状态及自身对"新"物品的需要，可以进行许多方面的改造。就以下面的几个物品为例：

环保包

旧牛仔裤许多人都有好几条，如果是压了几年箱底的、自己肯定不会再穿的就可以拿来改造，可以方便地将其改为环保包。

①将牛仔裤的两条裤腿部分展开，然后缝合到一起做包身。

②将牛仔裤的臀部部分缝在包的一侧做口袋。

③缝制两根宽带做肩带，这样背着舒适些，因为太细的肩带会特别勒肩。

④另取一点宽带做包口处的小修饰。

用牛仔裤改造的环保包

有了这样的一个环保包不但省了买包的钱，而且它使用方便，又容易清洗，加之是 DIY 作品，更具特色。

156

烛台

①拿两个饮料瓶，将离瓶口5厘米处的瓶身剪去。

②取一个软木塞，将两个瓶口对起来，用软木塞塞住两个瓶口，这样烛台就连接起来了。

③点燃一支蜡烛，将其固定在软木塞上，这样一个美妙的烛光晚餐就可以进行了。

有了这样一个烛台，你不必再为生日聚会或是烛光晚餐时桌面上的烛泪而头痛了。借助烛台的依托，蜡烛会更安全，而且可以根据需要随时移动位置。

烛台

收纳盒

①选择一个边角方正的鞋盒，因为过于扭曲的会影响美观。

②用一块布将盒子里外包裹一下，边角用胶水黏合。也可以根据自己的喜好，选择不同的布料包裹盒子里面和外表。

③需要加盖的，可以对鞋盒的盖子进行包裹。

简简单单的改变就能将废弃的盒子合理利用，既方便又省钱。通过对收纳盒的有效利用，可以让我们的家变得更整洁、更舒适。

收纳盒

绿色生活

报刊收纳器

①取五六个废塑料瓶，剪去上方的1/3部分。

②将瓶底依次固定在墙上或是粘在金属条上，这样，报刊收纳器就做好了。

将当天的报纸或是自己正在看的杂志放到报刊收纳器中，既节省了堆放杂志书报的空间，又便于人们翻阅，你不必再为找最新的报纸而到处翻看花时间了。

生活中，及时进行物品的清理并不是坏事，但是并非所有的旧物都是垃圾，都应该丢弃，大部分物品经过巧妙地改造后基本都能派上用场。

报刊收纳器

面对家里的大量杂物就不要再肆意地添置物品了，动动脑动动手，养成善于发现、善于利用的好习惯，做一个新时代的环保人士。

其实，生活中可以改变和创新的事物不少——最怕缺少发现的眼睛。

第七节　旧物捐赠

随着人们生活水平的日益提高，缝缝补补的日子已经成为历史。我们的生活中经常有一些闲置不用或已过时的旧衣物、旧电器等，一般旧物大多被人们弃之垃圾桶内。其实许多物品还是完好无缺的，这些东西仍然有继续利用的价值。据有关资料显示，我国城市生活垃圾的露天堆放总量已达2亿多吨。垃圾的堆放使得大量的耕地被侵占，堆放的垃圾大多不能进行及时处理，这又为病菌的滋生创造了条件，大量蚊蝇的产生，会对人们的身体健康

造成危害。另外，垃圾的转移、掩埋等处理过程要消耗大量的人力物力，且绝大部分垃圾未经过无害化处理，会对环境造成严重的污染。

虽说由于国家相关政策的实施及西部大开发的开展，许多地区逐渐摆脱贫穷，人们的生活水平有了一定的提高；国家建立一系列的脱贫体系、扶贫机制等使得全国的贫困人口大幅减少。然而，因我国人口基数大、农村人口多等因素的影响，贫困人口仍占有相当的规模，许多地区贫困人口的生活水平仍不容乐观。面对这种现状，我们应该从身边的小事着手，把仍可利用的物品捐给贫困者。这样既可以改善贫困者的生活质量，又可以减少垃圾的数量，减轻对生态环境的负担。

一般来说，旧物品的捐赠通常通过以下两个方面实施：

社区衣物捐助站

对广大民众来说，社区的衣物捐助站是比较方便的。将家里的旧衣服、旧电器等收集到一起，直接就可以拿到社区的衣物捐助站。然后，社区的工作人员进行消毒、整理、分类，再统一交到红十字会或是慈善机构，这些机构再将这些物品运往贫困地区或是受灾区。

红十字会旧衣物捐赠处

高校的衣物捐助站

每年毕业生离校前夕，绝大多数同学都返往各地。在最后的大清理时，总会发现很多物品无法带走或是没有必要带走，如把书籍、笔记本、磁带、书架、旧衣物等当成废品卖了或是作为垃圾扔了都很可惜，一些物

绿色生活

品可能还是新的，一些完全可以再利用。此时的衣物捐助站就可以发挥大作用了。衣物捐助站可以将这些物品进行消毒、登记造册，列出明细。等新生开学后，免费提供给那些急需帮助的特困生。如此一来，既给特困生提供了一些实实在在的帮助，又能让他们感受到学校的关爱。当然也可以以学校的名义对外捐赠，交给慈善机构，让其进行合理地分配。

极具典型性的是周口师范学院创立的"爱心超市"。为了防止毕业生离校时把旧衣服、旧书籍、旧书架等物品乱扔，同时也为许多贫困生生活、学习等方面考虑，因而学校成立了"爱心超市"。毕业生可以把用不着或不想带走的东西捐赠给"爱心超市"，校方再将这些东西进行清洗、消毒、归类后，免费提供给该校的贫困生。这样，不但可以减轻贫困家庭的负担，物品还能被循环使用。据了解，"爱心超市"服务的对象不仅是该校的贫困生，其他学校的贫困生也可以来免费选取。当然，超市除了接受本校学生的捐赠外，校外人士也可捐赠。

如今，各地的"爱心超市"也广泛地发展起来，其基本宗旨都是为贫困家庭服务，受到社会各界的广泛好评。如北京的"爱心超市"建立后，辖区内的低保户和低收入户可以凭证及街道发出的爱心券免费领取等价物品。

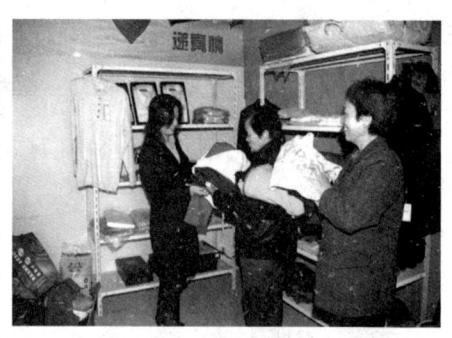

在"爱心超市"中选购衣服的市民

我们的资源是有限的，应当倍加珍惜。开展旧物捐赠这种方式实际上是使有限的资源得到最大限度的使用。

第八节 教科书循环使用

　　人类社会在取得巨大物质财富的同时，也付出了沉痛的环境代价。20世纪90年代以来，发展知识经济和循环经济成为人类社会可持续发展的两大趋势。日益严重的环境问题不得不引起我们的重视。资源浪费严重，许多资源得不到合理的利用，尤其是对绿色资源——森林的大面积砍伐。2008年，北京奥运会时提出了"绿色奥运"的口号，全国人民热切响应。在我国这个人口众多、资源匮乏、资源利用率低的情形下，增强资源的循环利用已刻不容缓。对于拥有庞大学生群体的基本状况，教科书循环使用是一剂良药，可以节省大量的资源。

贫困山区的孩子在看书

　　我国现有在校中小学生2.2亿人，一年要用30亿册课本。按人均课本费为180元来算，如果连续使用5年则可以节约1584亿元。目前的状况是，在教科书不改版的情况下，学生每年每人都在购买新书，随之每年有大量的教科书报废。同样的情况不仅发生在中小学，在大学，教科书使用完后的问题甚至更为明显。一般期末考试完后，教科书扔得到处都是，有的更是以极低的价钱卖

绿色生活

掉，许多八九成新的教科书就这样白白浪费掉，实在令人惋惜。

据调查，学生报废的教科书只是造纸厂回收废纸的一部分，更多、更集中的"废纸"在出版社。出版社的压库现象十分普遍。某大型国有出版社副社长指出，以1000多元1吨的价格卖给造纸厂是处理库压图书的重要手段之一。如果以全国的出版社来算，教科书的浪费则让人触目惊心。

因此，教科书循环使用既可以节约资源，降低生产教科书造成的污染，还可将节约的资源用于国民经济建设的其他项目上，大力促进经济的发展。实行教科书循环使用并不是不切实际的想法，而是利国利民的好事。

教科书循环使用在世界上已经不是一个新事物。国外教科书循环使用已经取得了巨大的成功。据有关资料显示，目前我国教科书的使用寿命只有半年，部分发达国家教科书则可以循环5年以上。

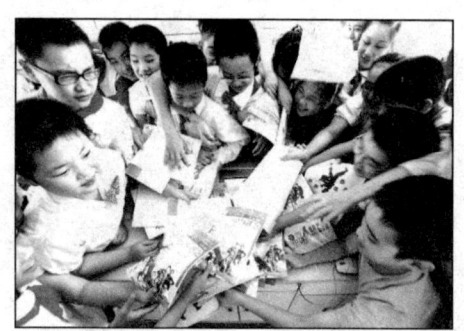

学生将教科书集结到一起，准备供下一年级的学生再使用。

近年来，我国倡导"教科书循环使用"的呼声越来越高。2004年，财政部、教育部共同制定了《对农村义务教育阶段家庭经济困难学生免费提供教科书工作暂行管理办法》，明确提出"国家鼓励循环使用教科书"的主张。2006年，《中华人民共和国义务教育法》第四十一条明确规定，鼓励教科书循环使用。2007年，教育部发出开展"节能减排学校行动"的通知，要求结合农村义务教育试行免费教科书制度，开展教科书循环使用的

试点工作。同年，国务委员陈至立在出席"完善义务教育经费保障机制工作"会议时指出，健全保障机制，建立免费教科书循环使用制度。同年，财政部、教育部印发了《关于调整完善农村义务教育经费保障机制改革有关政策的通知》，指出从2008年春季学期起，中央财政提高国家免费教科书的补助标准，建立部分科目免费教科书的循环使用制度。

概括来说，教科书循环使用有以下几个方面的好处：

第一，从节约的角度来看，目前，每生产1吨纸要消耗100吨净水、600度电、3立方米木材、1.2吨煤和300千克化工原料。教科书循环使用则可变废为宝，减少各种资源的使用与耗费。

第二，如今的课本知识"老化"的速度比较慢，不管是新课本还是旧课本，内容基本相同，循环使用不会妨碍学生的正常学习。学生需要学的是知识，教科书的新旧不会妨碍知识的获得。

第三，教科书循环使用是实实在在的"减负"。学生一学期的书本费少则百余元，多则好几百元，这笔钱对于贫困家庭而言，无疑是一项"巨大的经济开支"，有不少学生就是因为无钱买教科书而辍学的。

第四，学校可以借此加强对学生的环保教育，从小就培养他们的节能观念和勤俭节俭的习惯。从小时候培养孩子养成良好的习惯会影响他们的一生，这足以让"勤俭节约"的优良传统一代代传承下去。

教科书循环使用可谓好处众多。为了更好地推行教科书循环使用制度，全社会应进一步加强宣传，树立全民爱惜书籍和教科书循环使用的意识。

教科书循环使用，已经不是应该不应该循环、能不能循环的问题，而是应尽快推动、进行的问题。早一天使用，我们就可以少砍许多大树，多为环境的改善贡献自己的一份力量。

绿色生活

第九节　以物易物

旧物品除了改造利用、捐献给慈善机构外，还可以进行以物易物，通过交换获得自己需要的物品。这样的做法在节约开支、节省能源、保护环境等方面也有突出的贡献。

最常用的以物易物的方法有下面两个：

现场交换

现场进行以物易物，可以很直接地看到物品的具体式样、材质，对于基本等价物也可以进行很好地考虑。

大学生毕业后，很多学习用品、生活用品派不上用场了。以往，大多数物品都作为旧物品扔掉了。如今，校园里流行"以物易物"的二手货交易活动，这样可以使物尽其用。同学们在交易会现场进行交易，许多不用的书籍、生活用品等都顺利交换出去，有些则是卖出去。

易物现场

一般的市民则可以到定期举行的"以物易物"展会进行物品交换。除了不该买的物品外，孩子小时的玩具、婴儿车、家庭物品等，扔了可惜、放着占地方，拿到展会上不但可以换回自己需用的物品，节约开支，而且能使资源得到最大化利用。

易物网站

随着网络的普及，人们对网络的利用也从一般的检索、解决问题扩展到了"以物易物"的平台。"以物换物"正在为"换客"们缔造一种梦幻般的生活。实际上就是通过物与物的交换，获得自己所需要的东西。

在我国，在以物易物领域较著名的是上海易物网。上海易物网成立于2006年，是中国"换客"最早的网络平台，如今已拥有约12万名会员和近1000家注册企业。网站的个人会员大多为25～45岁，占会员总数的70%，其中25～35岁的白领更是占注册会员的53%，成为最活跃的易物群体。他们交换的商品大多为数码产品、收藏品以及各种奢侈品。虽然我国"换客"的兴起源于"曲别针换别墅"的神奇故事，但实际上，大多交易基本上都在价值相等或相近的物品间进行。

超级链接

"换客"是从游戏中发展而来的网络名词，这个游戏的名字叫"The Better And The Bigger"。2005年7月，加拿大青年凯尔·麦克唐纳借助互联网，把自己手里的一个特大号的红色曲别针一步步和其他人进行交换，分别换来了鱼形钢笔、门把手、烤炉、发电机、啤酒桶、雪地车、敞篷车、唱片合同，最终换到了一套双层别墅一年的使用权。这就是"换客王国"里的经典游戏——曲别针换房子。

"曲别针换房子"引发了物物交换网站的兴起，同时也吸引了不少网友加入到网上换物的体验之中。

如今，这种推崇节约、环保、实用精神的新"易物生活"正在网上悄然风行。而把闲置物品的价值挖掘出来，并通过交换实现商品使用价值的最大化，在"各取所需"的理念面前，"平等"为"换客"生活的精彩所在。"换客"一族则将物品反复利用的价值发挥到了极致。

一般来说，年轻人盲目冲动，经常会出现买的不必要的物品在很短时

绿色生活

间后就后悔了。年轻的张小姐一看到新潮物品就忍不住会买下来。然而过几个月又会为一大堆凌乱的物品感到烦恼。一次偶然的机会，她看到了"曲别针换别墅"的故事，于是就抱着试试看的心态开始了"换客之旅"。张小姐先是在一家易物网站注册为会员，接着，通过各种便捷的方式来搜索自己的换物需求。她发现只要输入自己想要换出或者换到的货物名称，就可以得到各种相关的匹配信息。只要双方愿意，什么都能换，十分方便。

"换客"的交易演示图

"换客"不是纯粹的一个名词，而是一种新的价值观，一种时尚的生活方式。"换客"诞生于网络、兴盛于网络，但并不拘泥于网络。"换客"间的交换毕竟还是要在现实生活中的餐馆、咖啡馆、街头、公园中进行。他们理性地易物，感性地交换。"换客"的行为使物品得到重生，社会闲置资源的循环被重新启动，而"换客"们也在这个价值发现的过程中充分享受着其中的乐趣。

由于全球经济不景气，人们的节约意识很强。例如，在日本，精打细算过日子的主妇们也开创了以物易物的网站，她们将家中不用的东西拍照、上传，并且在网站上浏览别人的东西，看到有合适的就进行交换。

比如小孩的衣服。由于小孩长得很快，几个月过后一些衣服就穿不了了，扔掉的话很可惜。从前，日本的妈妈们只会通过公园交往等，交换小孩衣服和育儿用品。后来由于网络的普及，现在交换的衣服做到了网上，范围也广泛了，交换的东西越来越多。包括家具、衣服、日用品、游戏软件等，使得资源得到了很好的循环利用。

在世界资源短缺、环境危机的形势下，"以物易物"可谓是一个不错的选择，它既保护了环境，又使得物品的利用率得到最大化的发挥，值得每位关心环境、热爱生命的人关注、践行。

> **小贴士▶▶▶**
>
> 一般"换客"在网上进行约定交易后会进行线下实际交易。由于"以物易物"不涉及金钱，交换过程必须脱离网站才能实现，因此不受网站提供的中介机构保护。所以，"换客"需要提高警惕性，在双方达成一致后，尽量选择当面交易，因为看到实物比较有保障。此外，面对面交换物品的时间、地点的选择也应注意，应最大限度地保证自己的安全。

第七章

亲近自然　健康生活

　　自然是我们的家，为我们提供了阳光、空气、水、粮食等赖以生存的基本物质。没有自然，便没有我们的存在，没有自然，便没有我们的明天。

　　曾几何时，当一群群的人络绎不绝地离开土地，当快节奏的生活一点点地蚕食着人们的精神空间，当各种污染让人类的健康正在逐渐恶化……人类开始意识到：原来我们远离自然已经这么久了，原来我们为远离自然付出了如此巨大的代价。

　　在21世纪，人类要追求健康而有价值的生活，亲近自然就是一条简捷而卓有成效的道路，一条不可绕开的必经之路。

　　在繁忙的工作之余，在钢筋水泥的城市建筑之间，在充斥着电子和化学物品的生存环境之下……如何寻找那生命的绿色，生活的绿色，同自然亲密接触，是每一个渴望健康生活的人必须要用心去思考的问题。

　　善待自然，就是善待我们自己；亲近自然，就是亲近我们自己。

第一节　做个业余的菜农

　　当乡村人纷纷挤进城市，当大部分近郊农民纷纷改换身份成为城市居民，当乡村种植日渐式微，当大片土地日益被楼房挤压……曾几何时，城市化让越来越多的人脱离了农村，让越来越多的人远离了农活。传统的农耕文明似乎正在从人们的视线里消失。然而，在曾经的农田、如今却高楼林立的城市里，在工作之余和闲暇时间，有一部分人却心甘情愿地花钱做起了"农民"，去施肥，去采摘。

　　种菜，在许多人的心目中似乎是只有农民和在农村才能做的事。然

169

绿色生活

而，在 21 世纪，这将成为都市人的一种新时尚。

北京市的应立俭和夫人铁宏均为技术工程师，夫妻俩在阳台上用防水布和砖头圈了一个 1 平方米左右的小菜园，种下了小白菜和西红柿。这让他们的儿子非常感兴趣，在取土、播种、施肥的过程中，孩子都一一参与，应立俭夫妻也在此过程中向他普及了很多植物知识。之后，孩子便开始要求独立负责自己的小菜园子，浇水、捉虫等都自己上阵。

露台上的"菜园"

自从种菜后，孩子乐意吃蔬菜了，而且吃得非常香，不用他们再向他强调蔬菜的营养价值了，这个收获让应立俭和铁宏非常意外。同时，在参与和观察种植的过程中，孩子的耐心和爱心也得到了培养。

"这样的亲子教育很好，1 平方米如果都种上小白菜，三口之家足够每天享用了。"应立俭和铁宏建议家长们都来尝试，爱干净的家庭可以用大的塑料盒、木盒或者大泡沫盒，铺上 10 厘米厚的土就可以操作了。

小贴士▶▶▶

都市种菜要遵循的原则：

深积肥，不施带异味的肥；

种菜养花一定不能遮挡邻居的阳光，不侵犯别人的空间。

在南京市新街口有一位杨先生，每逢双休日，他都要乘上地铁，目的地是他在河西的小院子；返程时则带上他的收获：有时是一包黑菜，有时是一包扁豆。

杨先生纯粹把菜当花种。他的菜园其实是花园、是乐园。"冬季，种下淮安老家盛产的黑菜，再冷，院子里都是满眼绿色；春季，墨绿的黑菜叶与红色的郁金香交相辉映，看得人都舍不得离开。"杨先生这样说道。显然，他很醉心这种城市"菜农"生活。

泉州市有一位许女士，职业是教师。自从开始"都市种菜"以来，她先后种过茄子、菜豆、花菜、萝卜、韭菜、菠菜、西红柿、黄瓜等不下几十种。几年下来，许女士已是相当称职的"菜农"了，对于怎么松土、施肥、浇水、播种，夏季一天要浇几次水，什么菜"吃肥"较重得多浇几趟粪，春天适宜种什么菜，冬天要种什么……她都清清楚楚。

"在地里的感觉特别好，看着菜一天天长，有一种收获的喜悦，洗着一把把自己种出的青菜，那种愉悦的心情无法诉说。"

"种菜不仅能调剂生活、享受收获的喜悦，还可以放松心情、锻炼身体。有时带儿子到地里走走，顺便也教他一些农作物知识。"

因为种菜，许女士和同事之间便经常聚在一起交流经验，积累农作物知识，分享收获心得，其乐融融。特别是夏日黄昏，下班后在田里劳作一番，收工时分，往往月亮已挂在天边，此情此景，令人不禁想起陶渊明的诗句"晨兴理荒秽，戴月荷锄归"，感觉特别淡泊宁静。

武汉市后湖区是一个新开发的居住小区，刚建成的时候，这里有大片暂时闲置的工地。2008年初，从洪湖乡下来到武汉的赵老头和老伴搬到后湖，和儿子们住在一起。由于他们平时忙于工作，家里就只有他们两个人。由于和小区的人不熟，找不到人聊天，为打发时日，两人便下五子棋、玩纸牌，看儿子为他们买来的连续剧碟子，尽管如此，年近古稀的老两口时常到夜里11点多还睡不着，这让儿子很担心。

绿色生活

2008年夏天，两人在小区周边转，看见有人在小区旁一个待建工地上开荒种菜，老两口动心了。他们花了一周的工夫，编织了竹篱笆，购买了工具和种子，平整了一块20平方米大的菜地，种上了菠菜、小白菜和生菜。之后，两人每天到菜地除草、浇水，到了收获的季节，老人很开心，特意将3个孩子叫到一起，做了一桌子的菜，其中就有他们自己种的。

而自从开始种菜后，老两口的作息时间也变了，早睡早起。儿子下班回家，老人的话也多了，每天都介绍菜的长势，精神状态也好了许多。

因为不施农药，这些自己种出来的菜外观上并不像市场上买

都市里的"菜园"

的那样美观，比如叶子上会有虫咬后留下的小洞，但是，它们却新鲜、自然、无污染，真正符合绿色环保的宗旨。

为什么会有这么多的城市人热衷于做一个业余"菜农"呢？专家分析其原因主要有两点：

首先，生活于钢筋水泥中的现代人向往自然状态，希望重新体验自种自收的田园生活乐趣；

其次，现在蔬菜污染问题严重，而自家种的菜无公害、健康，吃起来放心。

种菜既可劳动锻炼，又可吃得放心，还能享受田园生活，这么多的好处，不能不令人怦然心动。

都市种菜很"老土"，也很"时尚"。

超级链接

在一些城市，近年也出现楼盘配备菜园、果园、笋园供业主使用的住宅开发新概念。广州番禺区有一住宅区划出1000多平方米地，1平方米每月租金20元，业主仍趋之若鹜。在杭州，一些高档楼盘推出体验"农户"生活概念，有的集中建设菜园果园，买房就送数十平方米菜园的10年使用权，有的别墅另配几百平方米的私家小院允诺业主可以种菜，这种契合部分都市人回归田园需求的开发理念很吸引眼球。在深圳等大都市，有专门的都市菜园论坛，不少都市人在网上交流种菜经验。

第二节　拒买反季节果蔬

20世纪80年代以前出生的人，一定会记得在自己儿时，一年中总有一段时光是只能吃"冬储大白菜"的。但现在，饮食的季节性概念越来越弱化，在城乡超市里，一年四季均可买到任何季节生长的"时令"鲜蔬，即使在雪花飘飘的冬天，北方人的餐桌上也会出现像西红柿、黄瓜、西瓜这些本来夏天才能够生长的蔬菜水果。

这些，都是因为出现了反季节蔬菜和水果。

反季节蔬菜的普及得益于蔬菜大

用于种植反季节蔬菜的大棚

绿色生活

棚的广泛应用，在中国仅有短短二十几年的历史。反季节蔬菜既丰富了城镇居民的"菜篮子"，又让菜农们鼓起了"钱袋子"。山东某市因为这样的蔬菜产业而成为著名的蔬菜生产、加工、销售大县，名列全国百强县（市）。

超级链接

常见反季节蔬菜的三种栽培方式：

1. 高山反季节栽培。这是在炎热季节生产怕热蔬菜的技术。原理是，在炎热的夏秋季，低海拔平川地区因气温高，怕热菜不能种植，而在高海拔山区，由于气温随海拔升高而降低，那里仍然较为凉爽，可以种植平川地区因高温不能种植的怕热蔬菜。

高山反季节蔬菜栽培目的是：在8～10月蔬菜"秋淡"季节，为市场提供花色丰富的新鲜蔬菜。因此，必须以上市期为依据，根据各种类、品种的生育期合理安排播种期。适合高山反季节栽培的蔬菜的种类很多，如大白菜、甘蓝、芹菜、花菜、萝卜、胡萝卜、西红柿、菜椒、四季豆等。

2. 保温设施栽培。这是在寒冷季节栽培怕冷蔬菜的栽培技术。保温设施主要有：①塑料大棚；②塑料小拱棚；③地膜覆盖；④电热温床。保温设施栽培主要是为某些蔬菜早春抢早上市和晚秋延后供应。抢早上市的蔬菜种类有：空心菜、黄瓜、茄子、甜椒、四季豆、毛豆、木耳菜等等。延后供应的种类还有秋冬黄瓜、晚秋西红柿、四季豆、豇豆、甜椒等等。

3. 遮阳网栽培技术。遮阳网是一种新型的覆盖材料，根据透光度要求，有不同的编织密度。一般采用黑色遮阳网。用它覆盖蔬菜，能起到遮阳、防风、防暴雨和增加园地湿度的作用，因而有利于克服夏秋强光、暴雨、高温对蔬菜生产造成的不利影响，达到在炎热季节增加蔬菜花色品种，提高质量，满足人们需要的目的。

但是，从根本上讲，反季节设施改变了蔬菜的生物学本性，也正因为如此，反季节蔬菜在丰富了人们的日常生活的同时，也带来了严重的环境污染和食品安全问题。

有些菜农为提前蔬菜上市时间，在种植过程中，大量使用化肥、农药和一些禁用的催熟剂，影响了食用安全。有些提早上市的果蔬，形状越变越怪：西红柿上长出一个个长长的尖；个头较大的草莓、西瓜等水果，切开后中间还有空腔。

据有关专家称，这类果蔬大部分都不是正常生长成熟的，而是采用了膨大剂、增红剂和催熟剂等化学激素。膨大剂的化学名称叫细胞集动素，属于激素类化学物质，常被用于猕猴桃、西瓜、草莓、樱桃、西红柿等果蔬，有时在黄瓜、西葫芦等蔬菜中也有使用。使用了膨大剂的果蔬，个头比正常长

加过膨大剂的西红柿

大的果蔬大，形状变得比较奇特，如西红柿长尖，草莓呈梨状，黄瓜尖部肥大等。专家指出，此催熟方法一般不会对人体造成危害，但如果为了使果蔬提前上市卖高价，将距成熟期较远的青果催熟，则需要大量乙烯，这样处理后的果蔬，对人体有害，尤其是正处于生长发育期的儿童。

另外，反季节蔬菜以大棚菜为主，大棚中气温较高，不利于农药降解，使它们大部分残留在蔬菜上；光照不足也会使蔬菜中的硝酸盐含量提高。长期食用这种被污染的蔬菜，会造成慢性或急性中毒。前者会在体内长期积累微量农药，对人的肝、肾造成损害，引起贫血、脱皮，甚至白血病；后者轻则导致头晕、恶心，重则导致痉挛、昏迷，甚至死亡。

长途运输的蔬菜也会造成一定的营养损失。据营养学家测定，在运输

绿色生活

过程中，3 天之内，青蒜及葱会失去 50% 的胡萝卜素，绿豆将失去 60% 的维生素 C。一些食物中天然的抗癌物质和酶在运输过程中也会被破坏。此外，路途中各种灰尘和燃料废气，以及短时间内冷热湿燥的气候变化都会影响蔬菜的营养成分。

小贴士▶▶▶

《黄帝内经》中有一句话叫做"司岁备物"，就是说要遵循大自然的阴阳气化采备药物、食物，这样的药物、食物得天地之精气，气味淳厚，营养价值高。孔子也曾说："不时，不食。"就是说，不符合节气的菜，尽量别吃。

根据中医的观点，食物和药物一要讲究"气"，二要讲究"味"。因为在中医看来，食物和药物都是由气味组成的，而它们的气味只有在当令时，即生长成熟符合节气的时候，才能得天地之精气。而反季节蔬菜因为违背了"春生夏长，秋收冬藏"的寒热消长规律，会导致食品寒热不调，气味混乱，成为所谓的"形似菜"。没有时令的气质，是徒有其形而无其质。如夏天的白菜，外表可以，但味道远不如冬天的；冬天的西红柿大多质硬而无味。这些反季节蔬菜，含激素太多，长期食用的话，对人体有害无益。

人们习惯了一年四季都能吃到自己喜爱的新鲜果蔬，每年冬天，白菜、萝卜、土豆等时令蔬菜反而被大家忽视了。其实，比起吃反季节果蔬来，选择时令果蔬和吃本地菜是更好的选择，毕竟，顺应自然才是最好的健康法则。

健康生活，从拒绝食用反季节果蔬开始！

第三节　用绿色植物来装点室内

　　同鲜活的室内植物相比，任何昂贵的家具都会黯然失色，一个用绿色植物布置装点的居室环境，不仅充满生机和活力，给人以美的享受，同时还可以为人们营造一个健康的室内环境。

　　室内植物都有哪些作用呢？

　　1．调节室内温度和湿度。

　　对于经常待在办公室里的人来说，夏季的空调、冬季的暖气、加湿器必不可少，于是"空调病"和加湿器带来的健康隐患也随之而来。而在室内摆放合适的植物，则可以起到调节室内温度和湿度的作用。

　　植物可以调节湿度。植物通过根吸收的水分，只有 1% 用来维持自己的生命，其余 99% 都释放到空气中，而且无论给它们浇什么样的水，最后蒸发出去的都是 100% 的纯净水。

可净化空气的绿植

　　实验发现，如果在窗户朝东的办公室摆放植物，其室内温度要比不放植物的低。而在向南的室内，在房间里放置约占房间总面积 8% 的鹅掌藤，冬季午后 1 点时室内外的温差仅为 1.5℃。这是因为叶子受到阳光照射，其温度比室内高出许多，通过蒸腾作用向外释放水分时，很多余热通过叶

177

绿色生活

子散发到室内空气中。有植物的地方湿度就高，但不同植物对室内温度和湿度的影响也有差异。比如，放置巴西木的房间比放置鹅掌藤的房间相对湿度要高。

冬季大部分室内的相对湿度小于40%，这时如果拿出室内面积的2%～5%栽培绿色植物，就可以提高5%～10%的湿度。而当植物占到室内面积的8%～10%，就可以提高20%～30%的湿度。提高绿色植物"加湿"作用最好的办法就是给它们充足的阳光，以增强其蒸腾作用。

2. 恢复眼部疲劳。

缓解眼部疲劳、放松心情、减轻压力是在室内种植绿色植物最重要的作用。对于上班族来说，由于长时间、近距离注视电脑画面，精神高度集中，经常会出现眼睛疲劳、视力下降，胳膊或肩膀酸痛等现象。为了解决这一问题，研究人员做了这样一个试验：让经常使用电脑的公司职员分别注视电脑屏幕和绿色植物各3分钟，然后测定其视觉疲劳度、眨眼次数等项目。数据分析结果表明，注视绿色植物可以使视觉疲劳和眨眼次数明显减轻和减少，从而有效缓解眼部疲劳，并预防眼睛干燥症的发生。

这类植物以吊兰最为适合，它的适生温度为15℃～25℃，冬季室温不得低于5℃，高温时应尽量避免强光直射。平时见干浇水，经常保持盆土湿润，干燥季节可向叶面喷水或喷雾，防止叶尖干枯或叶色泛黄。夏秋季盆土宜偏湿一些，冬季室内保温防寒，盆土宜偏干，禁肥控水。

吊兰

3. 吸收粉尘。

室内空气中的粉尘主要来源于吸烟、暖气、烹饪、办公设备以及建筑材料的磨损和热化。粉尘分为两种，一种是降尘，由于颗粒较大，一般会自然降落至地面；另一种叫飘尘或可吸入颗粒物，颗粒较小，总是处于悬浮状态，香烟烟雾就属于这一种。

在封闭的室内摆放一些植物，粉尘减少的速度会比没有植物时明显快许多。在室内拿出 20% 的空间摆放植物比拿出 10% 的空间摆放植物，其粉尘去除量要多出 3 倍，而且前者去除粉尘的速度也比较快。这就证明，观叶植物能够有效减少室内空气中的微小粉尘。

4. 释放氧气，吸收二氧化碳。

由于室内植物在晚上不进行光合作用，只进行呼吸作用，所以很多人担心它们会在夜间排出二氧化碳，影响室内空气。其实，可以利用特殊植物在晚间清除二氧化碳，它们就是常见的仙人掌和多肉植物。

仙人掌

仙人掌和多肉植物为了在沙漠等缺水地区生存下去，叶子长成针形。它们白天为了控制水分流失而关闭气孔，等到晚上才打开气孔大量吸收二氧化碳，这和普通的观叶植物完全相反。实验证明，仙人掌、绯花玉和巨人柱等多肉植物在夜间吸收二氧化碳最多。值得注意的是，如果白天把仙人掌和多肉植物放在光线强烈的地方长时间照射，晚上的吸收效果会更好。

小贴士▶▶▶

52种会致癌的植物

石粟、变叶木、细叶变叶木、蜂腰榕、石山巴豆、毛果巴豆、巴豆、麒麟冠、猫眼草、泽漆、甘遂、续随子、高山积雪、铁海棠、千根草、红背桂花、鸡尾木、多裂麻风树、红雀珊瑚、山乌桕、乌桕、圆叶乌桕、油桐、木油桐、火殃勒、芫花、结香、狼毒、黄芫花、了哥王、土沉香、细轴芫花、苏木、广金钱草、红芽大戟、猪殃殃、黄毛豆付柴、假连翘、射干、鸢尾、银粉背蕨、黄花铁线莲、金果榄、曼陀罗、三梭、红凤仙花、剪刀股、坚荚树、阔叶猕猴桃、海南蒌、苦杏仁、怀牛膝。

5. 清除有毒化学物质。

绿色植物对有害物质吸收能力之强，令人吃惊。在居室中，每10平方米放置一两盆花草，基本上可达到清除污染的效果，且不同的植物有不同的功效。

白掌是抑制人体呼出的废气如氨气和丙酮的"专家"，同时它也可以过滤空气中的苯、三氯乙烯和甲醛。虎尾兰和吊兰可吸收室内80%以上的有害气体，吸收甲醛的能力超强。芦荟也是吸收甲醛的好手，可以吸收1立方米空气中所含的90%的甲醛。千年木的叶片与根部能吸收二甲苯、甲苯、三氯乙烯、苯和甲醛，并将其分解为无毒物质。常春藤能有效抵制尼古丁的致癌物质，通过叶片上的微小气孔吸收分解有害物质并将之转化为无害的糖分与氨基酸。藤蔓植物可以有效吸收空气内的化学物质，化解家用清洁剂和油烟残留的气味。

6. 驱虫杀菌。

蚊净香草是被改变了遗传结构的芳香类天竺葵科植物，近年才从国外引进。该植物可散发出一种清新淡雅的柠檬香味，在室内有很好的驱蚊效果，对人体却没有毒副作用。温度越高，其散发的香越多，驱虫效果越好。据测试，一盆冠幅30厘米以上的蚊净香草，可将面积为10平方米以上房间内的蚊虫赶走。另外，一种名为除虫菊的植物含除虫菊酯，也能有效驱除蚊虫。

蚊净香草

金橘、四季橘和朱砂橘这些芸香植物富含油苞子，可以抑制细菌，还能有效预防霉变，预防感冒。紫薇、茉莉、柠檬等植物，5分钟内就可以杀死白喉菌和痢疾菌等原生菌。蔷薇、石竹、铃兰、紫罗兰、玫瑰、桂花等植物散发的香味对结核杆菌、肺炎球菌、葡萄球菌的生长具有明显的抑制作用。

室内绿色植物虽然能给我们带来很多益处，但也不是可以随意放置的，否则可能适得其反，对人体造成危害。

超级链接

利用花卉植物净化室内环境应注意以下几点：

1. 忌香：有些花草香味过于浓烈，会让人难受，甚至产生不良反应，如夜来香、郁金香、五色梅等。

2. 忌敏：有些花卉，会让人产生过敏反应。像月季、玉丁香、五色梅、洋绣球、天竺葵、紫荆花等，人碰触抚摸它们，往往会引起皮肤过敏，甚至出现红疹，奇痒难忍。

3. 忌毒：有的观赏花草带有毒性，摆放应注意，如含羞草、一品红、夹竹桃、黄杜鹃和状元红等。

绿色生活

第四节　提倡观鸟，反对关鸟

鸟儿受到人们的普遍喜爱——或因羽色艳丽，或因鸣声悦耳，或因身姿婀娜。但是，以什么方式来表达这种爱意，却是值得商讨的。是抓来、买来关进笼子里观赏，还是在尽量不干扰鸟儿的前提下到户外观赏？以笼养的方式来"爱

笼中鸟

鸟"是非常不好的习惯。据说，英国皇家爱鸟协会数十万人都是真正的观鸟者，而北京的爱鸟养鸟协会却是由众多养鸟者组成。

小贴士▶▶▶

　　笼养鸟不利于鸟儿的健康，尤其是将幼鸟关起来养。在大自然中，鸟儿随时可以进行飞翔的训练，然而笼养鸟的均衡性很容易发生改变。此外，笼养鸟的饲料单调，加之鸟儿的运动量少，久而久之，其抗病能力自然会下降差，影响健康。

　　笼养野鸟，使得个人观鸟便利，却剥夺了鸟儿的自由，违背了生态道德，会导致生物链的断裂。因为大多数鸟类是以昆虫为食的，鸟被捕猎后，昆虫就会因失去天敌而泛滥成害。为抑制虫灾，人们便会喷洒大量的农药。田里的农药不仅消灭了害虫，还会使得益虫、其他动物惨遭杀害，而且残留于食物中的农药会导致人类恶性肿瘤等疾病的蔓延，农药的大量喷洒会使原本肥沃的土地日益变得贫瘠。

　　目前，能够在笼养环境繁殖的鸟很少。国内流行的笼养鸟：画眉、绣

眼、红蓝点颏、百灵等无一不是靠直接捕捉得来的。而捕捉的方法极其残酷，有下网和捕鸟夹两类，下网为主要捕猎方法。捕鸟网的网线极细，纠缠性能极强。当鸟撞上以后，肯定会挣扎，这时候网线很快就会将鸟缠紧，只需要几分钟鸟儿就会窒息死亡。有时捕鸟人来得晚，收网的时候15只被捕获的鸟可能已经死了七八只。夹子更残忍，很多鸟直接被打断了脚打断了翅膀，这样的鸟怎么处理？上餐桌！

被捕获的鸟

　　因为养鸟造就了市场，因为有养鸟的，才造就了捕鸟的和卖鸟的，不养鸟，捕鸟人就没有市场，自然不会去捕捉了。当大量的野生鸟被捕猎以后，野外还剩下什么？如果你真的爱护自然，请你拒绝"关鸟"。

　　近年来，随着人们意识形态的提升，到野外观鸟的人逐渐多起来，这种活动在不干扰鸟儿自由的前提下是值得提倡的。因为喜欢鸟，而把野生的鸟抓起来关在鸟笼子里饲养，我们应该反对。

183

绿色生活

超级链接

在观鸟中，我们要做到：

◎赏鸟，是赏自然界中的野生鸟类，不赏笼中鸟。

◎切记"只可远观，不可近看"的原则，保持适当的观赏距离，以免干扰鸟儿的正常活动。比如鸟儿受到干扰后，有可能会弃巢而去。

◎对野生鸟类进行拍照时，尽量采用自然光，因为使用闪光灯会令它们受到惊吓。

◎不要采集鸟蛋。

◎不可高声呐喊、丢掷石子等。

◎不可追逐野生鸟类，有些鸟可能因体能衰弱而暂时停栖某一地区，此时，它们急需休息调养，人们的追逐行为，可能导致其强飞时耗尽体力死亡。

◎不可为了便于观察或摄影，随意攀折花木，破坏野鸟栖息地以及附近植被生态。

如果我们真正爱鸟，就去大自然观赏我们的鸟类朋友，而不要把它们关在笼子里。从某种意义上来说，"提倡观鸟，反对关鸟"不仅仅是为了鸟儿的自由，更是为了人类的生存。

第五节　健康的"慢生活"

慢生活的概念源于 1986 年的欧洲社会，当时，意大利人 Carlo Petrini 推出了"慢食运动"（Slow Food Movement），这个说法一经提出，便迅速

风靡全世界。现今已成为21世纪世界关注的话题。

"慢食"风潮让人们不断思考自己的生活。并由此发展出一系列的"慢"生活方式，以提醒生活在高速发展时代的人们，请慢下来关注自身健康、生活环境。

慢生活是相对于当前社会匆匆忙忙、纷纷扰扰的快节奏生活而言的另一种生活方式。英国时间管理专家格斯勒说："我们正处在一个把健康卖给时间和压力的时代。忙，特别是心理上的忙碌感所带来的伤害，可能超出我们的想象，那种不眠不休的工作是一种自杀式的生活。"

步履匆忙

德国著名时间研究专家塞维特说："慢生活与其说是一场运动，不如说是人们对现代生活的反思。"这里的"慢"，并非速度上的绝对慢，而是一种意境，一种回归自然、轻松和谐的意境。

怎样才是顺应自然呢？简单地说，就是顺应日月运行，生命运动，四季变化的规律。一天的时间中，工作、生活、睡眠三者各占约8小时，不能偏颇。只要偏离这个生命最基本的规律，就必然要用健康来偿还，人人都不例外。在心态上，"正气存内，邪不可干"，淡泊宁静，和谐有序。

用个形象的比喻就是：像心脏一样工作，有忙有闲，尊重科学；像蜜蜂一样生活，有劳有逸，懂得生活。

心脏的设计之妙，耗能之少，优于任何一种高科技，它是节能的榜样，是慢生活的典范。而蜜蜂则更神奇了，2亿年的自然进化，同

绿色生活

时代的恐龙早死了，它还活得很好，家族庞大，人丁兴旺，而且天天蓝天白云，清风送行，和百花姑娘一起翩翩起舞。蜜蜂从不"加班"，在规律有序的生活中，以勤劳和智慧用普通的花粉和花蜜酿出高科技含量的蜂蜜和蜂王浆，创造出几十倍的科技附加量。反观蚂蚁，加班加点，早出晚归，风里雨里，却只是机械搬运，满头大汗却效率低下。

富兰克林的"时间就是生命，时间就是金钱"对绝大部分中国人来说还是至理名言。虽然大部分中国人还不具备"慢生活"的现实条件，但"慢生活"的价值理念可以并也应贯彻到人们的生活、学习和工作过程中。"你不能实现'慢生活'，但却可以实现慢节奏、慢速度、慢饮食、慢心态。"

> **小贴士 ▶▶▶**
>
> 细嚼慢咽可以使食物颗粒变得更加细小，并且会使分泌的唾液增多，唾液与食物充分混合，充分发挥唾液中的溶菌酶的杀菌防病作用。有关实验证明：吃同样食物的人，细嚼慢咽者和狼吞虎咽者对蛋白质和脂肪的吸收是不一样的——细嚼慢咽者对蛋白质和脂肪的吸收极高。

学会"慢"生活，并不是指工作上的懒惰，而是提倡人们不要将工作带到家中，尽量别加班；杜绝周末查看电子信箱、打工作电话。80岁高龄的金庸先生就相信"乐观豁达养天年"。他说："人要善于有张有弛。要像《如歌的行板》的韵律一样，有快有慢。使自己身心得到平衡。我的性子很缓慢，不着急，做什么都是徐徐缓缓，最后也都做好了，这样对健康很有好处。"著名作家、国际文学奖获得者、多次诺贝尔文学奖提名候选人昆德拉也说："事业成功而又健康的关键：每周一小休，每月一中休，每

年一大休。"

事实上，伴随"慢生活"理念的影响，一些公司也明白了"欲速则不达"的道理，著名的安永管理咨询公司就建议职员不要在周末上网查邮件，日本丰田公司则不再允许员工把年假推迟到来年。

学会"慢生活"，可以从运动开始。慢式运动能提高生活品质，那种形式上的慢速度、慢动作，所带来的是内心本质加速度地放缓。如今，无论是在忙碌的美国还是在浪漫的澳洲，一种"每天一万步"的健身方式相当流行，医学研究表明，每天步行 1 小时以上的男子，心脏局部缺血的发病率只是很少参加运动者的 1/4。慢生活的流行，使乒乓球、游泳、瑜伽、太极拳等慢运动也如火如荼地展开，这些运动让疲惫的人群身心得到了放松。

越来越多的人开始学习太极拳

在吃饭的过程中。细嚼慢咽可以使唾液分泌量增加，唾液里的蛋白质进到胃里以后，可以在胃里反应，生成一种蛋白膜，对胃起到保护作用。

所以，吃饭时细嚼慢咽的人，一般不易得消化道溃疡病，细嚼慢咽还能节食减肥等等。

"慢食"好处多

"慢生活"与个人资产的多少并没有太大关系，慢是一种健康的心态，是一种积极的奋斗，是对人生的高度自信，是一种高智、随性、细致、从容的应对世界的方式。它能让人更高效，更优雅，更接近幸福。

"慢生活家"卡尔·霍诺则说："'慢生活'不是支持懒惰，放慢速度不是拖延时间，而是让人们在生活中找到平衡。当然，工作重要，但闲暇也不能丢，现在的节奏太快，所以才要学着放慢脚步，让自己不至于太辛苦。这样才能在工作和生活中找到平衡的支点。"

第六节　每天多"览"些绿色

绿色是生命的象征，是大自然中最和谐的颜色。它带给人希望、生机、新鲜和青春的活力，给人以舒适、安静和安全的感觉。

由于全球变暖的缘故，我们所处的地表温度正在升高，到2030年，温度可能比现在高出 1.5℃～4.5℃，而脑血管、血管病人也将随之日益增多。

据医学科学家测定：长期在绿色环境中工作的人，其皮肤温度可降低 1℃～2℃，血液流速减慢，心脏压力减轻，脉搏每分钟减少 4～8 次，心理活动缓和，呼吸平缓均匀，紧张的神经松弛下来，嗅觉、听觉和思维活动的灵敏性得到增强。

在寒冷的季节，高血压患者的血压波动往往较为频繁，除了定时服用降压药外，美国出版的《Care》杂志提出了新的建议，这些人家里不妨多用些绿色的装饰品，这对调节血压有一定的作用。血压波动在很大程度上也和紧张的情绪有关，而对放松情绪有良好暗示作用的颜色则首推绿色，绿色可以让人平静、放松，利于放松心情、恢复精力。因此，在室内放置一些绿色植物，对于稳定血压是个非常好的方法。

医学家们呼吁：多食用绿色，多浏览绿色，多回归自然。而部分生态学家则主张在人山人海的城市建造"山水城市"，使人们能经常性地受到绿色生命的拥抱，享其自然。

另外，绿色还可以减轻日光漫反射的强度，使眼力的适应性得到加强，对人们的视觉中枢神经有特别的理疗作用。

自然界中的颜色五彩斑斓，有的艳丽，有的暗淡，使人产生不同的感觉。比如红色和黄色给人一种亮丽夺目的感觉，而青色和绿色则使人感觉凉爽、平静。

各种颜色对光线的吸收和反射也是不同的：红色对光线的反射是67%，黄色的反射是65%，绿色的反射是47%，青色只反射36%。由于

绿色生活

红色和黄色对光线反射比较强，因此容易产生耀眼的光而使人觉得刺眼；而青色和绿色对光线的吸收和反射都比较适中，不仅能吸收光中对眼睛有害的紫外线，同时还能减少强光对眼睛的刺激。

每天花点时间眺望窗外

绿色源于大自然，树木、花卉、绿叶能给生命注入活力，能为生活增添情趣，绿色是健康的颜色。所以，在工作学习之余，眺望一下远处的青山或树木，看一下近处的花草，眼睛的疲劳就容易消失，紧张的神经也会松弛。

现在，由于手机和互联网的普及，许多人尤其是依赖电脑进行工作的上班族，每天不得不长时间盯着电脑屏幕。时间久了，眼睛便会出现干涩、酸痛等不适的感觉。

而如果在电脑桌面上放上一幅绿色的背景，同时通过一定的设置，使网页的颜色"绿化"，则可以有效缓解长期盯看带来的不适。

绿色是希望的颜色，绿色是宁静的颜色，绿色是健康的颜色，绿色更

是大自然的颜色。

每天试着多看些绿色，离自然便会近些，离健康便会近些。

超级链接

保护视力的电脑设置

第一步，在桌面上点击鼠标右键，依次点击"属性"、"外观"、"高级"按钮。

第二步，在打开的"高级"对话框中，在"项目"下拉列表里选择"窗口"。

第三步，打开右边对应的"颜色"列表，选择其中的"其他"一项，在打开的对话框里，把"色调"的参数设置为85，把"饱和度"参数设置为123，把"亮度"参数设置为205。再点击"确定"退出设置。

第四步，打开 IE 浏览器，选择"工具"栏中的"Internet 选项"，点击"辅助功能"按钮，在"不使用网页中指定的颜色"前打钩。

第七节　绿色旅游

随着生活水平的提高，人们的精神追求也有了质的飞跃。怎样玩得好、玩得痛快，成为一些人的目标追求。不少人在富裕之后，把相当一部分钱都花在了旅游上，旅游已成为现代社会的一种时尚。

旅游是一个消遣和娱乐的过程，也是一个学习的过程、锻炼的过程、陶冶的过程。在旅游过程中，旅游者有机会接触各种各样的事物，采掘各

191

绿色生活

种各样的知识。通过旅游，可以使人们提高克服困难、解决问题的能力；锻炼身体，增强爱国主义精神和事业心；陶冶性情，提高审美情趣和意识。单独旅游，可以锻炼坚忍不拔的毅力扣性格；集体旅游，可以培养团结友爱的品质和相互帮助的团队精神。

现在，随着环保理念的不断深入人心，"绿色旅游"的概念开始被提出来。21世纪的旅游业，"绿色旅游"将占据相当大的比重，并且会越来越被人们认可和接受。

绿色旅游宣传活动

绿色往往用来比喻"环境保护"、"回归自然"、"生命"等内涵，而绿色旅游只是一种比喻的说法，是用来指导旅游业在环境管理方面的发展方向。绿色旅游的定义有广义和狭义之分，广义的绿色旅游是指具有亲近环境或环保特征的各类旅游产品及服务。狭义的绿色旅游是指以保护环境、保护生态平衡为前提的远离喧嚣与污染，亲近大自然，并能获得健康

精神情趣的一种时尚旅游，通常指农村旅游，即发生在农村、山区和渔村等的活动。

　　绿色旅游是指包括旅游者、饭店、景点管理者、旅行社和导游在内的旅游参与者在整个旅游过程中的各个环节都必须尊重自然、保护环境。绿色旅游是以认识自然、保护自然、不破坏自然生态平衡为前提的，是经济发展、社会和谐、环境价值的综合体现，它在为社会提供舒适、安全、有利于人体健康的产品的同时，以一种对社会、对环境负责的态度，合理利用资源，保护生态环境。绿色旅游中融入了可持续发展理念，贯穿了人地和谐相处的思想。

游客们都顺手把垃圾收起来

　　根据我国的国情，环保人士提出了中国版的"绿色旅游"标准："我会仔细准备旅行，了解旅游地的信息，带一张地图；我会选择提供环保信息的景区、旅行社、旅馆和导游；我将计算我的碳排放量

绿色生活

并尽量选择低碳的方式旅行；我将通过植树抵减我的'碳足迹'，减缓气候变化，降低地球负担；我一定不吃野生动物，不购买野生动植物及其制品；我会支持购买当地生产的工艺品和食品；我会携带自己的书包，不使用一次性塑料袋；我一定不随意丢垃圾和电池，并减少使用洗涤剂。"

从旅游者个人的角度来看，通过绿色旅游，人们可以开阔视野，获得精神上的提升。宋代大文豪苏辙在《上枢密韩太尉书》中对旅游的意义有过一番论述："太史公行天下，周览四海名山大川，与燕赵间豪俊交游，故其文疏荡，颇有奇气……辙生十有九年矣，其居家所与游者，不过其邻里乡党之人，所见不过数百里之间，无高山大野可登览以自广，百氏之书虽无所不读，然皆古人之陈迹，不足以激发其志气，恐遂汩没。故坦然舍去，求天下奇闻壮观，以知天地之大。"

大自然是释放压力的最佳场所

　　绿色旅游可以让人们释放压力，放松心情。现代的生活节奏越来越快，身处都市的人们，在这种快节奏的生活和工作环境下，往往承受着巨大的心理压力和精神紧张，如果长期压抑而不能释放的话，势必会带来沉重的精神负担，从而影响身体和心理的健康。而在绿色旅游中，通过观看美景，参加有意义的环保活动，与自然亲密接触，可以有效释放和消融这些压力，恢复活力，重拾积极乐观的生活态度。

　　实际上，在全世界，绿色旅游正在被越来越多的人所关注。

　　在英国，每年大多数家庭都会安排假期，于是长途旅行每年造成了大量的二氧化碳排放，为此越来越多的旅行社和志愿组织提倡"绿色旅游"，其中一种最受注意的方法就是让那些在无法避免的情况下需要搭乘飞机的旅客捐款植树，以此抵消旅程对环境的影响。有人倡议，从英国到冰岛旅游的旅客植树一棵，到厄瓜多尔的旅客植树三棵，以便达到保护环境的目标。

　　而德国人在旅游的时候第一件事就是准备一个大大的旅行包，里面有筷子、勺子、牙刷、牙膏等，他们用手绢而不是纸巾擦汗，旅馆不提供任何一次性生活用品，全由客人自带。景区内看不到用野生动物制作的旅游纪念品，餐馆里也无野味可供食用，因为捕杀、食用野生动物违犯法律。

　　日本的多家旅行社为保护生态环境，推出一日游特别团。游客在观赏湖山美景之际，动手收集园林中的垃圾，以保护园林的整洁。游客只需在风景区收集垃圾1小时，便可免费享受温泉浴和午餐。

绿色生活

超级链接

在绿色旅游的实践中要做到无污染旅行，应从以下方面着手：

◎使用最少污染的交通工具。

◎尽量不生火。

◎不干扰野生动物。

◎不采摘花草。

◎尽量少用过分加工及包装的食品饮品。

◎带走一切带去的物品，绝不留下垃圾。

◎不干扰当地居民的生活。

◎减少人为的噪音，欣赏大自然的宁静气氛。

2007年5月1日，山水自然保护中心联合50余家中文网站作为绿色旅游公益合作伙伴，向"五一"期间中国境内庞大的游客群发出"绿色旅游"倡议书，号召游客在线签署"绿色旅游承诺"。尝试用民间参与的方式推广"绿色旅游"、提高游客意识。

绿色旅游作为一种新的旅游形态，具有观光、度假、休养、科学考察、探险和科普教育等多重功能。对旅游者来说不仅是享乐体验，而且也是一种学习体验，不是单纯地利用自然环境，而是依靠自然和旅游的并行关系在对自然带有敬畏感和环保意识的基础上进行的旅游，它增加了旅游者与自然亲近的机会，深化了人们对生活的理解。

结束语

当我们抱怨极端天气的时候，当我们为风沙侵袭懊恼的时候，当我们为环境污染恐慌的时候，我们可曾想过，这一切都是因何而致？总而言之，我们如果想摆脱难堪的境地、从目前的窘境中摆脱出来，就必须提倡绿色生活方式。

古人云："勿以善小而不为，勿以恶小而为之。"提倡绿色的生活方式，具体到每个人身上，都是些举手之劳的小事；破坏生态环境，落到每个人头上，都是一项不起眼的小事。为了我们的美好生活，每一个理性的、有良知的人，都应当从身边的小事做起，自觉抵制那些直接或间接危害环境的事情发生，自备餐盒、加入"筷乐一族"、背起环保包、坚持一水多用、不乱扔废弃物、使用无氟冰箱、使用节能空调、装修时尽可能地考虑环境的保护因素……

为了我们能拥有一个美好的生存空间，让我们行动起来，做一个有益于环境保护的人。保护绿色，就是保护我们的生存环境，就是给子孙后代留下一条可持续发展的道路。提倡绿色的生活方式，从我做起，从自己的日常生活的点点滴滴做起，做一些力所能及的保护环境之事，应当是每一个地球村公民义不容辞的义务。

197

绿色生活

　　绿色，是生命之色。绿色生活是人人都应遵循和享受的生活，然而，很多生活模式是容易讲述却是难以践行的，为人们树立绿色生活的理念，倡导人们切实地着手实践，我们的生存环境才能得到切实的改变。因为人类的活动直接决定着自然的面貌，直接决定着地球的状况。本书正是基于这样的一个背景进行编写的。

　　希望本书的生活理念能成为人们健康生活的风向标，让我们一起努力，迎接更美好的明天。